"十四五"职业教育河南省规划教材

中国大学MOOC精品在线
开放课程配套教材

高等职业教育数字媒体技术专业教材

Photoshop

平面设计 微课版

主 编 赵艳莉

中国水利水电出版社
www.waterpub.com.cn
·北京·

U0201737

内 容 提 要

本书是爱课程中国大学 MOOC 精品在线开放课程"Photoshop 平面设计"的配套教材。本书基于校企合作，采用项目教学的编写模式，便于目前应用 Photoshop 的图像处理、广告设计、移动 UI 设计、图文制作、建筑美工、网页美工 6 个行业所涉及的岗位人员，通过项目简练的描述、细致的分析和详细的制作步骤来完整地学习 Photoshop 平面设计技术。

本书共有 7 个单元，除单元 1 外，涉及了 6 个行业不同岗位的需求。单元 2 主要介绍图像处理行业中形象设计、后期处理及特效设计等岗位的具体操作及相关知识和技能；单元 3 主要介绍广告行业中墙体广告（海报、广告）、支架类广告（展板、易拉宝）以及包装设计（糖果包装、书籍装帧）等作品的制作过程及相关知识和技能；单元 4 主要介绍移动终端上不同控件、App 图标及锁屏、主题、应用等界面的设计制作及相关知识和技能；单元 5 主要介绍图文制作行业 Logo、招牌、卡片、折页、POP 招贴等产品的设计制作及相关知识；单元 6 主要介绍建筑行业中室内效果图处理、室外效果图设计、材质更换及建筑场景抠取的方法及相关知识；单元 7 主要介绍互联网行业中网站首页、网站主页及网络元素（banner 横幅广告、水晶按钮）的设计制作及相关知识。每个行业产品的制作都附有行业标准和规范。

本书既可作为精品在线开放课程"Photoshop 平面设计"的配套教材，也可作为全国职业院校视觉艺术设计类、工业设计类、动漫设计类和计算机应用类专业的教学用书，更可作为平面设计爱好者的自学参考书。

图书在版编目（C I P）数据

Photoshop平面设计 : 微课版 / 赵艳莉主编. -- 北京 : 中国水利水电出版社，2020.6（2022.7 重印）
高等职业教育数字媒体技术专业教材
ISBN 978-7-5170-8608-6

Ⅰ. ①P… Ⅱ. ①赵… Ⅲ. ①平面设计—图像处理软件—高等职业教育—教材 Ⅳ. ①TP391.413

中国版本图书馆CIP数据核字(2020)第095288号

策划编辑：石永峰　责任编辑：周益丹　加工编辑：王玉梅　封面设计：李　佳

书　　名	高等职业教育数字媒体技术专业教材 Photoshop 平面设计（微课版） Photoshop PINGMIAN SHEJI (WEIKE BAN)	
作　　者	主　编　赵艳莉	
出版发行	中国水利水电出版社 （北京市海淀区玉渊潭南路 1 号 D 座　100038） 网址：www.waterpub.com.cn E-mail：mchannel@263.net（万水） 　　　　sales@mwr.gov.cn 电话：（010）68545888（营销中心）、82562819（万水）	
经　　售	北京科水图书销售有限公司 电话：（010）68545874、63202643 全国各地新华书店和相关出版物销售网点	
排　　版	北京万水电子信息有限公司	
印　　刷	雅迪云印（天津）科技有限公司	
规　　格	184mm×260mm　16 开本　18.5 印张　413 千字	
版　　次	2020 年 6 月第 1 版　2022 年 7 月第 2 次印刷	
印　　数	3001—5000 册	
定　　价	69.00 元	

前　言

随着互联网及移动互联网的飞速发展，个性化学习、多元化学习及碎片化学习成为"互联网＋"时代教育发展的趋势。以精品在线开放课程和慕课为代表的教育技术和以翻转课堂、线上线下混合式学习为教学模式的创新应用，为我国高等职业教育的创新发展注入了新的活力。本书是爱课程中国大学 MOOC 精品在线开放课程"Photoshop 平面设计"的配套教材，应广大线上线下学习者的要求，我们出版了本书。

本书基于校企合作，采用项目教学的编写模式，便于目前应用 Photoshop 的图像处理、广告设计、移动 UI 设计、图文制作、建筑美工、网页美工 6 个行业所涉及的岗位人员，通过项目简练的描述、细致的分析和详细的制作步骤来完整地学习 Photoshop 平面设计技术。

本书与以往同类书的编写有所不同，主要体现在以下两个方面：

（1）在内容的选取上，按照行业划分不同的章节，针对每个行业给出知识目标、能力目标，按照岗位需求设定项目，知识点的顺序是按照任务需求进行排列的，尽量是大项目、小知识。

（2）在编写的体例上，按照项目教学模式进行编写，每个项目都依据行业的不同岗位设定，使学生通过任务的分解及实现来学习相关知识及技能，进而使学生毕业就可以直接进入岗位，实现学校培养与企业岗位需求直接对接。

本书共 7 个单元，除单元 1 外，涉及了 6 个行业不同岗位的需求。单元 2 主要介绍图像处理行业中形象设计、后期处理及特效设计等岗位的具体操作及相关知识和技能；单元 3 主要介绍广告行业中墙体广告（海报、广告）、支架类广告（展板、易拉宝）以及包装设计（糖果包装、书籍装帧）等作品的制作过程及相关知识和技能；单元 4 主要介绍移动终端的不同控件、App 图标及锁屏、主题、应用等界面的设计制作及相关知识和技能；单元 5 主要介绍图文制作行业 Logo、招牌、卡片、折页、POP 招贴等产品的设计制作及相关知识；单元 6 主要介绍建筑行业中室内效果图处理、室外效果图处理、材质更换及建筑场景抠取的方法及相关知识；单元 7 主要介绍互联网行业中网站首页、网站主页及网络元素（banner 横幅广告、水晶按钮）的设计制作及相关知识。每个行业产品的制作都附有行业标准和规范。

本书的教学课时为 72 学时，各单元的参考教学课时见表 1。

表 1　课时分配表

单元	教学内容	课时分配	
		实践教学	实践训练
单元 1　平面基础	平面设计基础	1	0
	图形图像基础	1	0
	Photoshop 基础	1	1
单元 2　图像处理	形象设计	3	3
	后期处理	3	3
	特效设计	3	3
单元 3　广告设计	墙体广告设计	2	2
	支架广告设计	2	2
	包装设计	2	2
单元 4　移动 UI 设计	UI 控件设计	2	2
	手机界面设计	3	3
单元 5　图文制作	标识设计	2	2
	卡片设计	2	2
	折页招贴设计	2	2
单元 6　建筑美工	室内效果图处理	1	1
	室外效果图处理	1	1
	建筑辅助设计	2	2
单元 7　网页美工	网站首页设计	1	1
	网站主页设计	1	1
	网站元素设计	2	2
课时总计		37	35

　　本书由爱课程中国大学 MOOC 精品在线开放课程"Photoshop 平面设计"的教学团队集体编写，由赵艳莉任主编，张岚岚、卢琦任副主编，参与编写的还有邹溢、郑雅文、宋哲理。本书最后由赵艳莉进行框架设计、统稿和整理。

　　本书配备了教学资源包，包括微课、动画、素材、效果图、教案、PPT 课件及习题等，读者既可以登录爱课程中国大学 MOOC 网免费进行在线学习（地址：https://www.icourse163.org/course/ZZCSJR-1205968801），也可以通过教材进行线下学习。

　　由于编者水平有限，书中难免存在错误和不妥之处，敬请广大读者批评指正。

编　者

2020 年 2 月

目 录

前言

单元1 平面基础

项目1 平面设计基础 2
 任务1 认识平面设计 2
 任务2 平面设计分类 3
 任务3 平面设计要素 4
 任务4 平面构图技巧 6
 任务5 平面创意设计 8

项目2 图形图像基础 11
 任务1 认识位图 11
 任务2 认识矢量图 11

 任务3 图像的分辨率 12
 任务4 图像的颜色模式 12
 任务5 图像文件的格式 14

项目3 Photoshop 基础 16
 任务1 Photoshop 概述 16
 任务2 Photoshop 功能 16
 任务3 Photoshop 的启动和退出 ...19
 任务4 Photoshop 的工作窗口 21

单元自测 25

单元2 图像处理

项目1 形象设计 28
 任务1 修饰年轻平滑肌肤 29
 任务2 修饰淡雅生活妆 36
 任务3 修饰完美身材 42

项目2 后期处理 46
 任务1 调正倾斜的照片 47
 任务2 去除照片上多余的人 50

 任务3 修正阴天拍摄的照片 55

项目3 特效设计 58
 任务1 制作风格影像 58
 任务2 制作仿旧照片 65
 任务3 制作蓝色梦幻效果 78

单元自测 81

单元3 广告设计

项目1 墙体广告设计 84
 任务1 宣传海报设计 85
 任务2 公益广告设计 94

项目2 支架广告设计 104
 任务1 展板设计 105

 任务2 易拉宝设计 114

项目3 包装设计 118
 任务1 糖果包装设计 118
 任务2 书籍装帧设计 126

单元自测 133

单元 4 移动 UI 设计

项目 1 UI 控件设计...................... 136

    任务 1 图标设计 137

    任务 2 切换器设计 148

    任务 3 滚动条设计 151

    任务 4 搜索栏设计 153

项目 2 手机界面设计 155

    任务 1 手机锁屏界面设计 155

    任务 2 手机主题界面设计 160

    任务 3 手机应用界面设计 163

单元自测 176

单元 5 图文制作

项目 1 标识设计 178

    任务 1 Logo 设计 179

    任务 2 制作霓虹灯招牌 190

项目 2 卡片设计 195

    任务 1 制作个性名片 196

    任务 2 制作 VIP 贵宾卡 200

项目 3 折页招贴设计 205

    任务 1 制作三折页 206

    任务 2 制作 POP 招贴 216

单元自测 220

单元 6 建筑美工

项目 1 室内效果图处理 222

    任务 1 控制整体效果 223

    任务 2 添加室外背景 226

    任务 3 添加室内配景 228

项目 2 室外效果图设计 232

    任务 1 去除多余的背景 233

    任务 2 添加远景和近景 234

    任务 3 添加与调整配景 235

项目 3 建筑辅助设计 238

    任务 1 更换材质 239

    任务 2 获取建筑场景素材 243

单元自测 246

单元 7 网页美工

项目 1 网站首页设计 248

    任务 1 网页背景设计 249

    任务 2 导航条设计 251

    任务 3 展示窗设计 252

    任务 4 制作首页切片 253

项目 2 网站主页设计 258

    任务 1 页面主体设计 259

    任务 2 页面细节设计 261

    任务 3 页面切片制作 264

项目 3 网站元素设计 268

    任务 1 制作横幅广告 banner 268

    任务 2 设计制作水晶按钮 284

单元自测 289

单元 1
平面基础

能力目标

能启动和退出 Photoshop。

知识目标

1. 了解平面设计的概念和目的。
2. 了解平面设计的分类及构成要素。
3. 掌握平面构图技巧。
4. 掌握平面设计的创意手法。
5. 掌握有关图像的基础知识。
6. 掌握 Photoshop 工作窗口的操作。

我们这个时代是一个充满设计的年代，无处不存在着创意和创新。从城市环境到居家装饰，从工业产品到日常生活，大到一个城市，小到一枚卡片，设计在当今人们的生活中扮演着举足轻重的角色，真可谓"时时见品味，处处皆设计"。

项目 1　平面设计基础

平面设计基础

任务 1　认识平面设计

一、什么是平面设计？

"平面"是非动态的二维空间，平面设计是指在二维空间内进行的设计活动，即一种对空间内元素进行设计及将这些元素在空间内进行组合和布局的活动。

平面设计是一门静态艺术，它通过各种表现手法在静态平面上传达信息，是一种视觉艺术，具有欣赏和实用价值，能给人以直观的视觉冲击（图 1-1 给人的感觉是时尚，图 1-2 给人的感觉是清新），也能给人以艺术美感的享受。当前，平面设计以其特有的宣传功能已经全面进入人们工作生活的各个方面，且以其独特的文化张力影响着人们的工作和生活。

图1-1 时尚之感

图1-2 清新之感

二、平面设计的目的

平面设计的目的是对图形、图像、文字、色彩及版式等设计元素进行一定的组合，在给人以美的享受的同时，传达某种视觉信息，如图1-3所示的海报设计、图1-4所示的Logo设计及图1-5所示的创意设计。

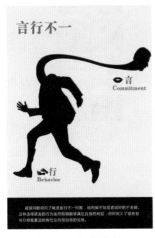

图1-3 海报设计

图1-4 Logo设计

图1-5 创意设计

任务 2　平面设计分类

设计是一种创造性的活动。凡是有目的的造型活动都是一种设计。设计不能简单地理解成物件外部附加的美化或装饰，设计是包括功能、材料、工技、造价、审美形式、艺术风格、精神意念等因素的综合创造。

平面设计领域十分广泛，常见的平面设计有网页界面设计、包装设计、DM广告设计、平面媒体广告设计、POP广告设计、样本设计、刊物设计、书籍封面设计、UI设计，如图1-6所示。

（a）网页界面设计

（b）包装设计

（c）DM 广告设计

（d）平面媒体广告设计

（e）POP 广告设计

（f）样本设计

（g）刊物设计

（h）书籍封面设计

（i）UI 设计

图 1-6　平面设计分类

任务 3　平面设计要素

现代信息传播媒介可分为视觉、听觉和视听觉三种类型，其中公众 70% 的信息是通过视觉类信息传播媒介获得的，譬如，我们常见的报纸、杂志、广告宣传页、招贴海报、路牌、灯箱、移动终端等，这些以平面形态出现的视觉类信息传播媒介均属于平面设计的范畴。

由此可见，平面设计的基本要素主要有图形、色彩和文字三种，这些要素在平面设计中起着不同的作用。

1. 图形要素

图形的运用首先在于剪裁，要想让图形在视觉上形成冲击力，必须要注意画面元素的简洁，画面元素过多，公众的视线容易分散，图形的感染力就会大大减弱。因此，对图形的处理要敢于创新，力求将公众的注意力集中在图形主题上。

图形要素是平面设计中最重要的视觉传达元素之一，它能够激发大众情绪，使大众理解和记忆广告设计的主题。因此，平面设计中的图形要素要突出商品和服务，通俗易懂、简洁明快，具有强烈的视觉冲击力，并且要紧扣设计主题，如图1-7所示。

图1-7　图形要素

图形可以是黑白画、喷绘插画、手绘图、摄影作品等，图形的表现形式可以是漫画、卡通、装饰画等。另外，图形要具有形象化、具体化、直接化的特性，它能够形象地表现设计主题和创意，是平面设计主要的构成要素，对设计理念的陈述和表达起着决定性的作用。

2. 色彩要素

色彩运用得是否合理是平面设计中的一个重要环节，也是人类最为敏感的一种信息。色彩在平面设计中具有迅速传达信息的作用，它与公众的生理和心理反应密切相关。公众对平面设计作品的第一印象是通过色彩得到的，色彩的艳丽程度、灰暗关系等都会影响公众对设计作品的注意力，如鲜艳、明快、和谐的色彩会吸引公众的眼球，让公众心情舒畅；而深沉、暗淡的色彩则给公众一种压迫感。因此，色彩在平面设计作品上有着特殊的表现力。

在平面设计中，商品的个性决定色彩的运用，若运用得当，可以增加画面的美感和吸引力，并能更好地传达商品的质感和特色，如图1-8所示。

3. 文字要素

文字是平面设计中不可或缺的构成要素，它是传达设计思想，表达设计主题和构想理念最直接的方式，起着画龙点睛的作用，如图1-9所示。

图1-8　色彩要素

图1-9　文字要素

由于文字的排列组合可以左右人的视线，字体大小可以控制整个画面的层次关系，因此，文字的排列组合，字体、字号的选择和运用直接影响着画面的视觉传达效果和审美价值。

文字要素主要包括标题、正文、广告语和公司信息等，其中标题最好使用醒目的大号字，放置在版面最醒目的位置；而正文文字主要是用来说明广告图形及标题所不能完全展现的广告主题，应集中书写，一般置于版面的左右或上下方；广告语是用来配合广告标题、正文和强化商品形象的简洁短句，应顺口易记、言简意赅，一般放置在版面较为醒目的位置。

任务 4　平面构图技巧

构图是为了表现作品的主题思想和美感效果，在一定的空间内，安排和处理人、物的关系及位置，把个别或局部的形象组成艺术的整体，在一定规格、尺寸的版面内，将一则平面广告作品的设计要素合理、美观地进行创意性编排，组合布局，以取得最佳的广告宣传效果。

1. 骨骼型构图

骨骼型构图是一种规范的、理性的构图方法。常见的骨骼有竖向通栏、双栏、三栏、四栏和横向的通栏、双栏、三栏及四栏等，一般以竖向居多。骨骼型构图在图片和文字的编排上则严格地按照骨骼比例进行编排配置，给人以严谨、和谐、理性的感觉。骨骼经过相互混合后，既理性、条理，又活泼而具弹性，如图 1-10 所示。

2. 满版型构图

满版型构图以图像充满整版，主要以图像为诉求，视觉传达直观而强烈。文字的配置压置在上下、左右或中部的图像上。满版型构图给人大方、舒展的感觉，是商品广告常用的形式，如图 1-11 所示。

图 1-10　骨骼型构图

图 1-11　满版型构图

3. 上下分割型构图

上下分割型构图将整个版面分为上下两部分，在上半部或下半部配置图片，另一部分则配置文案。它是最常见、最稳妥的构图形式，给人一种安定感，使人的视线从上到下移动。一般情况下，插图位于版面的上方，以较大的幅面吸引人们的注意力，利用标题点明主题，从而展现整个平面广告，如图 1-12 所示。

4. 左右分割型构图

左右分割型构图将整个版面分割成左右两部分，分别在左或右配置文案。它可以使画面在上下方向上产生视觉延伸感，加强了画面中垂直线条的力度和形式感，给人以高大、威严的视觉享受，如图 1-13 所示。

图 1-12　上下分割型构图　　　　　　　　图 1-13　左右分割型构图

5. 倾斜型构图

倾斜型构图主体形象或多幅图片、文字等都是倾斜着编排的，使版面具有强烈的动感、不稳定感，形成极强的视觉冲击力。它具有较强的张力，其特点是将画面中的文字或主题物以对角线的方式进行布局或设计，赋予画面一种生动感、活力感，如图 1-14 所示。

6. 对称型构图

对称型构图指画面中心轴两侧有相同或视觉等量的主体物，使画面在视觉上保持相对均衡，从而产生一种庄重、稳定的协调感、秩序感和平衡感，如图 1-15 所示。

 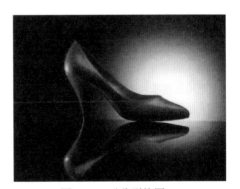

图 1-14　倾斜型构图　　　　　　　　图 1-15　对称型构图

7. 曲线型构图

曲线具有优美、富于变化的视觉特征，因此，曲线型构图可以增加画面的韵律感，给人以柔美的视觉享受，如 S 形曲线构图可以有效地牵引观众的视线，使画面蜿蜒延伸，增加画面的空间感，另外，S 形曲线构图也可以用于突出女性的曲线美，如图 1-16 所示。

8. 三角形构图

在圆形、矩形、三角形等基本形态中，正三角形（金字塔形）是最安全稳定的形态，而斜三角和倒三角形则给人动感和不稳定感，如图 1-17 所示。

图 1-16　曲线型构图

图 1-17　三角形构图

9. 散点型构图

散点型构图中画面的要素是自由分散编排的，这种散状排列强调感性、自由随机性、偶合性、空间感和动感，追求新奇和刺激。面对散点的界面，人们的视线随界面图像、文字上下或左右自由移动阅读，给人以生动有趣、随意轻松、慢节奏的感觉，如图 1-18 所示。

图 1-18　散点型构图

任务 5　平面创意设计

创意即创新、创造、创作、主意、打算、构思，是平面设计的第一要素，没有好的创意，就没有好的作品。

创意设计是设计人员对设计创作对象进行想象、加工、组合和创造，使商品潜在的现实美升华为消费者都能感受到的艺术美的一种创造性劳动，即通过构思来创作所宣传对象的艺术形象，达到使消费者认同和接受产品的目的。

1. 联想与想象

根据主题产生联想与想象是平面创意的开始。创造以想象开始，以象征结束，其中起重要作用的是创造性和想象力，如图 1-19 所示。

2. 比喻与象征

用具象的形象表现抽象的理念和情感，含蓄而曲折地比喻设计的主题内涵，其主要作用是化抽象为形象，变平淡为生动。借助比喻和象征，深化主题，是提高画面语言生动性最常用的手法。用图形语言进行比喻和象征的描绘，是大胆的、直觉的、形象的，留下的印象也是入木三分的，如图 1-20 所示。

图 1-19 联想与想象

图 1-20 比喻与象征

3. 借代与拟人

借代与拟人即借此言彼，以二代一，以物代人，以动代静，借物言志，借景言情。文学的修辞和图形的表现可以有机地结合，创造平面设计图形世界的奇观，如图 1-21 所示。

4. 夸张与变形

因夸张而产生的变形是艺术的加工和再现，夸张的着眼点往往是对象的特征部分，可以是动态上的夸张、比例上的夸张、心理上的夸张、情节上的夸张等。夸张后的图形充满幽默、诙谐和情趣。夸张和变形是平面图形创意的润滑剂。这种对某个造型因素或表现意象的某个方面进行夸张或强调的方法别具一格，不但能够赋予设计一种新奇变化的情趣，还加深了观看者对设计主题内涵的印象，如图 1-22 所示。

图 1-21 借代与拟人

图 1-22 夸张与变形

5．诙谐与幽默

诙谐与幽默利用饶有风趣的情节制造幽默情境，以达到出乎意料之外、又在情理之中的艺术效果，引起人们会心的微笑，以轻松愉快的方式发挥设计的感染力。幽默将使画面具有亲和力，观看幽默型平面设计也是使人快乐的一件事，因为幽默、诙谐是人们喜闻乐见的手法，它传达出一种乐观、开朗、自信的生活态度。幽默型平面多以漫画、手绘的方式夸张地表现，很有艺术情趣，让人回味无穷，如图 1-23 所示。

6．形象的置换

置换是移花接木，置换是偷梁换柱，置换是牛头马面，置换是驴唇马嘴，置换的目的是创造生活中并不存在的新形象，制造新颖奇特的视觉、联想效果。置换导致了逻辑上的荒谬，打破时空、环境、对象的限制，出乎意料的组合会获得意想不到的结果，如图 1-24 所示。

图 1-23　诙谐与幽默

图 1-24　形象的置换

7．空间与留白

运用空间表达主题，在二维的设计空间中表现三维的想象空间，是平面设计的表现思路之一。这种空间的改变会展现出一种新奇的意境，这种转瞬间变幻的创意使人们获得意想不到的感觉。空间的利用是平面视觉传达的一种独特表现手法。利用空白营造空间感，知白守黑，创造出的是想象的空间，使人回味无穷，如图 1-25 所示。

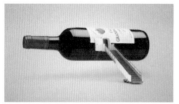
图 1-25　空间与留白

项目总结

平面设计是指在二维空间内进行的设计活动，它是通过将图形、图像、文字、色彩及版式等设计元素进行一定的组合，在给人以美的享受的同时，传达某种视觉信息。在进行平面设计时要先弄清楚你的设计目的是什么，你要表达的是什么，然后进行设计元素的收集，根据所学的创意手法进行平面构图，而构图的好坏从根本上影响着艺术设计内容传递的直观性和准确性。

项目 2　图形图像基础

图形图像基础

任务 1　认识位图

位图也称点阵图或栅格图，是由"像素"的单个点构成的图形，用"像素"的位置与颜色值表示。扩大位图尺寸时"像素"的单个点扩大为方块状，线条和形状会显得参差不齐，颜色有失真的感觉。位图图像的质量取决于分辨率的设置，如图 1-26 所示。用数码相机拍摄的照片都是位图图像。常见的位图处理软件有 Photoshop、Painter 等。

图 1-26　位图原图与放大后的前后对比

任务 2　认识矢量图

矢量图也称向量图，是面向对象的图像或绘图图像。矢量图的每个对象都是由数值记录颜色、形状、轮廓、大小等属性，在缩放图像时不会改变它原有的清晰度和弯曲度。所以，矢量图可以任意放大或缩小，不会影响图像的质量。矢量图的显示效果与分辨率无关，如图 1-27 所示。矢量图适用于文字设计、图案设计、标志设计和计算机辅助设计。常见的矢量图处理软件有 CorelDRAW、AutoCAD、Illustrator 等。

图 1-27　矢量图原图与放大后的前后对比

任务 3　图像的分辨率

分辨率是指一个图像文件中包含的细节和信息的大小，以及输入、输出或显示设备能够产生的细节程度。处理位图时，分辨率既会影响最后输出的质量也会影响文件的大小。图像文件是以创建时所设的分辨率大小来印刷的，所以在处理图像文件时首先要设置好图像的分辨率。显然矢量图就不必考虑这么多。

任务 4　图像的颜色模式

颜色模式决定了用于显示和打印图像的颜色类型，它决定了如何描述和重现图像的色彩。常见的压缩类型包括 HSB（色相、纯度、明度），RGB（红、绿、蓝），CMYK（青、洋红、黄、黑）和 Lab 等。

1. RGB 颜色模式

我们每天面对的显示器便是根据这种特性进行设计的。R 表示红色（Red），G 表示绿色（Green），B 表示蓝色（Blue），即光学三原色，如图 1-28 所示。利用这种基本颜色进行颜色混合，可以配制出绝大部分肉眼能看到的颜色。

RGB 颜色模式在屏幕上表现得色彩丰富，所有滤镜都可以使用，各软件之间文件兼容性高，但在印刷输出时，偏色情况较重。

图 1-28　三原色及重叠

2. CMYK 颜色模式

接触过印刷的人都知道，印刷制版的颜色是青（Cyan）、洋红（Magenta）、黄（Yellow）和黑（Black），这就是 CMYK 颜色模式。这种由以上 4 种油墨合成的颜色也被称为四色，如图 1-29 所示。

图 1-29　四色

C、M、Y、K 的数值范围是 0 ~ 100，当 C、M、Y、K 的数值都为 0 时，混合后的颜色为纯白色，当 C、M、Y、K 的数值都为 100 时，混合后的颜色为纯黑色。这种颜色模式的基础不是增加光线，而是减去光线，所以青、洋红和黄称为"减色法三原色"。

在处理图像时，一般不采用 CMYK 颜色模式，因为这种模式的图像文件占用的存储空间较大；此外，在这种模式下 Photoshop 提供的很多滤镜都不能使用，人们只在印刷时才将图像颜色模式转换为 CMYK 颜色模式。

　3．Lab 颜色模式

Lab 是国际照明委员会指定的标示颜色的标准之一。它同我们似乎没有太多的关系，而是广泛应用于彩色印刷和复制方面。

L 指的是亮度；a 指由绿至红；b 指由蓝至黄。

Lab 色彩模式是以数学方式来表示颜色的，所以不依赖于特定的设备，这样确保输出设备经校正后所代表的颜色能保持其一致性。

Lab 色彩空间涵盖了 RGB 颜色模式和 CMYK 颜色模式的所有色彩。

Photoshop 内部从 RGB 颜色模式转换到 CMYK 颜色模式，也是以 Lab 颜色模式为中间模式完成的。

其中 L 的取值范围为 0 ~ 100，a 分量代表由深绿—灰—粉红的颜色变化，b 分量代表由亮蓝—灰—焦黄的颜色变化，且 a 和 b 的取值范围均为 -120 ~ 120。

4．索引颜色模式

索引颜色模式采用一个颜色表存放并索引图像中的颜色，这种颜色模式的像素只有 8 位，即图像只有 256 种颜色。这种颜色模式可极大地减小图像文件的存储空间，因此经常用于网页图像与多媒体图像，以使图像在网上较快传输。

5．灰度模式

灰度模式可以将彩色图像转变成黑白图像，如图 1-30 所示。灰度模式是图像处理中被广泛运用的模式，采用 256 个灰度级别，从亮度 0（黑）到 255（白）。

图 1-30　以灰度模式显示图像

如果要编辑处理黑白图像，或将彩色图像转换为黑白图像，可以设定图像的模式为灰度模式，由于灰度图像的色彩信息都从文件中去掉了，因此灰度相对彩色来讲文件大小要小得多。

6. 位图模式

位图模式也称为黑白模式，使用黑、白双色来描述图像中的像素，如图 1-31 所示。以位图模式显示的图像黑白之间没有灰度过渡色，占用的内存空间非常小。当一幅彩色图像要以位图模式显示时，不能直接转换，必须先将图像的颜色模式转换成灰度模式。

图 1-31　以位图模式显示图像

任务 5　图像文件的格式

常见的图像文件格式有 PSD 格式、BMP 格式、JPEG 格式、TIFF 格式和 EPS 格式等。

1. PSD 格式

Photoshop Document（PSD）是 Adobe 公司的图像处理软件 Photoshop 的专用格式。PSD 包含各种图层、通道、遮罩等多种设计的样稿，以便于下次打开文件时可以修改上一次的设计。在 Photoshop 所支持的各种图像格式中，PSD 的存取速度比其他格式快很多，功能也很强大。由于 Photoshop 越来越被广泛地应用，这种格式也会逐步成为主流格式。

2. BMP 格式

BMP 是英文 Bitmap（位图）的简写，它是 Windows 操作系统中的标准图像文件格式，能够被多种 Windows 应用程序所支持。随着 Windows 操作系统的流行与丰富的 Windows 应用程序的开发，BMP 格式理所当然地被广泛应用，这种格式的特点是包含的图像信息较丰富，几乎不进行压缩，但因此导致了它与生俱生来的缺点——占用磁盘空间过大。

3. JPEG 格式

JPEG 也是常见的一种图像格式，JPEG 文件的扩展名为 .jpg 或 .jpeg，其压缩技术十分先进，它用有损压缩方式去除冗余的图像和彩色数据，在取得极高的压缩率的同时能展现十分丰富生动的图像，换句话说，就是可以用最少的磁盘空间得到较好的图像质量。

同时 JPEG 还是一种很灵活的格式，具有调节图像质量的功能，允许你用不同的压缩比例对文件进行压缩，比如我们最高可以把 1.37MB 的位图文件压缩至 20.3KB。

因为 JPEG 格式的文件尺寸较小，下载速度快，现在各类浏览器均支持 JPEG 这种图像格式，使得 Web 页有可能以较短的下载时间提供大量美观的图像。由于 JPEG 优异的品质和杰出的表现，它的应用也非常广泛，特别是在网络和光盘读物上，肯定都能找到它的身影。

4．TIFF 格式

TIFF（Tag Image File Format）是 Mac 中广泛使用的图像格式，它由 Aldus 和微软联合开发，最初是出于跨平台存储扫描图像的需要而设计的。该格式有压缩和非压缩两种形式，其中压缩可采用 LZW 无损压缩方案存储，它的特点是结构较为复杂，兼容性较差。

由于 TIFF 存储信息多，图像质量好，非常有利于原稿的复制，是微机上使用最广泛的图像文件格式之一。

5．AI 格式

AI 格式是 Illustrator 软件所特有的矢量图形存储格式。在 Photoshop 软件中将保存了路径的图像文件输出为 AI 格式，可以在 Illustrator 和 CorelDRAW 等矢量图形软件中直接打开并进行任意修改和处理。

6．CDR 格式

CDR 格式是 CorelDRAW 专用的图形文件格式。由于 CorelDRAW 是矢量图形绘制软件，因此可以记录文件的属性、位置和分页等。但 CDR 格式兼容性比较差，不能在其他图像编辑软件中打开。

7．EPS 格式

EPS（Encapsulated PostScript）是比较少见的一种格式，而苹果 Mac 机的用户则用得较多。它是用 PostScript 语言描述的一种 ASCII 码文件格式，主要用于排版、打印等输出工作。

8．GIF 格式

GIF 是 CompuServe 提供的文件格式，可以进行 LZW 压缩，缩短图形加载时间，使图像文件占用较少的磁盘空间。

项目总结

图形图像基本知识是进行平面设计的基础，也是熟练使用平面设计软件进行创意设计的基础，只有正确了解创作对象的属性及输出格式，才能创作出好的作品。

项目 3　Photoshop 基础

Photoshop 基础

任务 1　Photoshop 概述

Photoshop 是美国 Adobe 公司开发的一款图形图像处理软件，广泛用于对图片和照片的处理以及对在其他软件中制作的图片进行后期效果加工。譬如，将在 CorelDRAW、Illustrator 中编辑的矢量图像输入 Photoshop 中进行后期加工，创建网页上使用的图像文件或创建用于印刷的图像作品等。

任务 2　Photoshop 功能

Photoshop 是强大的图像处理能手，它会展现给用户无限的创造空间和无穷的艺术享受。

1. 印刷图像处理

印刷图像的处理主要应用于产品广告、封面设计、宣传页设计、包装设计等。在日常生活中所见到的非显示类的图像中，有 80% 是经过 Photoshop 处理制作的，如图 1-32 所示。

图 1-32　产品广告（左）及包装设计（右）

2. 网页图像处理

网页上见到的静态图像，有 85% 以上是经过 Photoshop 处理的。在保存这些图像时，为了缩小图像文件的尺寸，可在 Photoshop 中将图像保存为网页，如图 1-33 所示。

图 1-33　网页图像效果

3.　网页动画制作

网页上大部分的 GIF 动画是由 Photoshop 协助制作的。GIF 动画是网页动画的主流，因为它不需要任何播放器的支持，如图 1-34 所示为 GIF 格式的 banner 广告。

图 1-34　banner 广告

4.　美术创作

Photoshop 为美术设计者和艺术家带来了便利，使他们可以不用画笔和颜料，随心所欲地发挥自己的想象，创作自己的作品。美术设计者可以使用 Photoshop 的工具调整选项，并利用滤镜的多种特殊效果使自己的作品更具有艺术性，如图 1-35 所示。

图 1-35　美术作品

5.　辅助设计

在众多的室内设计、建筑效果图等立体效果的制作过程中离不开 Maya、3DS Max、AutoCAD 等大型的三维处理软件。但是在最后渲染输出时还是离不开 Photoshop 的协助处理，如图 1-36 所示。

图 1-36　建筑室内、室外效果图辅助设计

6. 照片处理

Photoshop 在数码照片的处理上更是功能齐备，可以用 Photoshop 完成旧照翻新、彩色照片转黑白照片、色彩调整和匹配、艺术处理等工作，如图 1-37 所示。

图 1-37　照片处理

7. 移动端 UI 设计

随着移动互联网技术的飞速发展，利用 Photoshop 进行移动端 UI 设计的人员越来越多。目前，人们利用 Photoshop 设计制作移动终端不同风格的图标和界面，如图 1-38 所示。

图 1-38　移动端图标及界面

8. 特殊效果制作

Photoshop 各种丰富的笔刷、图层样式、滤镜等为制作特殊效果提供了很大的便利，无论是单独使用某种工具还是综合运用各种技巧，Photoshop 都能创造出神奇精彩的特殊效果，如图 1-39 所示。

图 1-39　特殊效果

9. 在动画与 CG 设计领域制作模型

随着计算机硬件技术的不断提高，计算机动画也发展迅速，利用 Maya、3DS Max 等三维软件制作动画时，其中的模型贴图和人物皮肤都是通过 Photoshop 制作的，如图 1-40 所示。

图 1-40　动画及 CG 作品模型

任务3　Photoshop 的启动和退出

一、启动 Photoshop

当安装完 Photoshop 后，就会在 Windows 的"开始"→"所有程序"子菜单中建立"Adobe Photoshop"菜单项。启动 Photoshop 的方法有以下几种：

（1）选择"开始"→"所有程序"→"Adobe Photoshop CC"命令，如图 1-41 所示，即可启动 Photoshop，如图 1-42 所示。

（2）通过常用软件区启动。常用软件区位于"开始"菜单的左侧列表，该区域中将自动保存用户经常使用的软件。如果想启动 Photoshop，只需单击该软件图标即可，如图 1-43 所示。

（3）双击桌面上或任务栏中的 Photoshop 快捷图标 ，如图 1-44 所示，即可启动 Photoshop。

（4）在计算机上双击任意一个 Photoshop 文件图标，在打开该文件的同时即可启动 Photoshop，如图 1-45 所示。

图 1-41　开始菜单

图 1-42　启动 Photoshop

图 1-43　常用软件区

图 1-44　Photoshop 快捷图标

图 1-45　Photoshop 文件图标

二、退出 Photoshop

退出 Photoshop 有以下 5 种方法：

（1）单击 Photoshop 窗口的"关闭"按钮 ☒ 。

（2）双击程序栏左侧的"控制窗口"图标 Ps 。

（3）单击程序栏左侧的"控制窗口"图标 Ps，在弹出的菜单中执行"关闭"命令。

（4）在 Photoshop 窗口中，执行"文件"→"退出"命令。

（5）按下快捷键"Ctrl+Q"或者"Alt+F4"。

任务 4　Photoshop 的工作窗口

启动 Photoshop 以后，打开如图 1-46 所示的工作窗口，可以看到 Photoshop 的工作窗口在原有基础上进行了创新，许多功能更加窗口化和按钮化。其工作窗口主要包括“菜单栏”“工具选项栏”“工具箱”“图像编辑窗口”“状态栏”和“浮动控制面板”6 个部分。

菜单栏
工具选项栏
图像编辑窗口
工具箱
浮动控制面板
状态栏

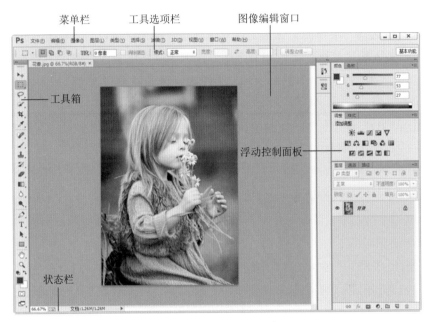

图 1-46　Photoshop 工作窗口

1. 菜单栏

和其他应用软件一样，Photoshop 也包括一个提供主要功能的菜单栏，位于整个窗口的顶端，包含可以执行的各种命令，单击菜单名称即可打开相应的菜单，也可以同时按下 Alt 键和菜单名中带括号的字母键来打开相应的菜单。Photoshop 的菜单栏如图 1-47 所示。

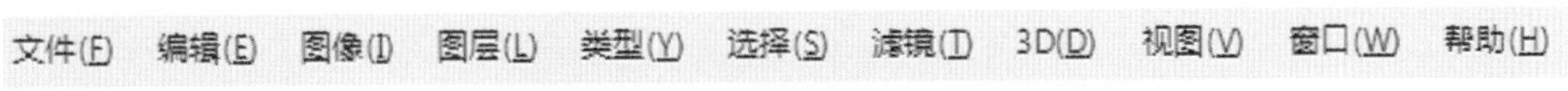

文件(F)　编辑(E)　图像(I)　图层(L)　类型(Y)　选择(S)　滤镜(T)　3D(D)　视图(V)　窗口(W)　帮助(H)

图 1-47　Photoshop 的菜单栏

小提示

每项菜单右边的英文，是该项命令的快捷键，使用快捷键同样可以执行每项菜单命令。

Photoshop 的菜单栏由“文件”“编辑”“图像”“图层”“类型”“选择”“滤镜”“3D”“视图”“窗口”和“帮助”11 个菜单组成，各菜单的功能如下。

（1）文件：“文件”菜单中可以选择新建、打开、存储、关闭、置入以及打印等一系列针对文件的命令。

（2）编辑："编辑"菜单的各种命令是用于对图像进行编辑的命令，包括还原、剪切、复制、粘贴、填充、变换以及定义图案等命令。

（3）图像："图像"菜单中的命令主要是针对图像模式、颜色、大小等进行调整和设置。

（4）图层："图层"菜单中的命令主要是针对图层进行相应的操作，如新建图层、复制图层、蒙版图层、文字图层等，这些命令便于对图层进行运用和管理。

（5）类型："类型"菜单主要用于对文字对象进行创建和设置，包括创建工作路径、转换为形状、变形文字以及字体预览大小等。

（6）选择："选择"菜单的命令主要针对选区进行操作，可以对选区进行反向、修改、变换、扩大、载入选区等操作，这些命令结合选区工具，更方便对选区进行操作。

（7）滤镜："滤镜"菜单中的命令可以为图像设置各种不同的特殊效果，在制作特效方面功不可没。

（8）3D："3D"菜单针对 3D 图像执行操作，通过这些命令可以执行打开 3D 文件、将 2D 图像创建为 3D 图形、进行 3D 渲染等操作。

（9）视图："视图"菜单中的命令可对整个视图进行调整和设置，包括缩放视图、改变屏幕模式、显示标尺、设置参考线等。

（10）窗口："窗口"菜单主要用于控制 Photoshop 工作窗口中的工具箱和各个浮动控制面板的显示和隐藏。

（11）帮助："帮助"菜单提供了使用 Photoshop 的各种帮助信息。在使用 Photoshop 的过程中，若遇到问题，可以查看该菜单，及时了解各种命令、工具和功能的使用方法。

2. 工具选项栏

工具选项栏位于菜单栏的下方，当选择了工具箱中的某个工具后，工具选项栏将会发生相应的变化，用户可以从中设置该工具相应的参数。通过恰当的参数设置，不仅可以有效增加每个工具在使用中的灵活性，提高工作效率，而且可使工具的应用效果更加丰富、细腻。如图 1-48 所示为"移动工具"选项栏。

图 1-48 "移动工具"选项栏

3. 工具箱

工具箱位于工作窗口的左侧，Photoshop 的工具箱提供了丰富多样、功能强大的工具，共有 50 多个工具，将鼠标光标移动到工具箱内的工具按钮上，即可显示出该按钮的名称和快捷键，如图 1-49 所示。

在工具箱中直接显示的工具为默认工具，如果在工具按钮的右下方有一个黑色的小三角，表示该工具下有隐藏的工具。使用默认工具，直接单击该工具按钮即可；使用隐藏工具，将鼠标光标先指向该组默认按钮，右击可弹出所有隐藏的工具，在隐藏的工具中单击所需要的工具即可。

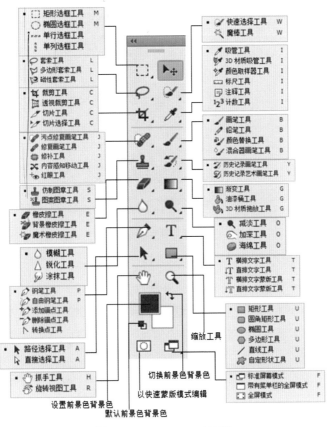

图 1-49　Photoshop 工具箱

 贴心提示

按下 Shift 键的同时按下该组工具右侧的字母快捷键，可以在该组工具中切换。

Photoshop 的工具箱可以非常灵活地进行伸缩，使工作窗口更加快捷。用户可以根据操作的需要将工具箱变为单栏或双栏显示。单击位于工具箱最上面伸缩栏左侧的双三角形按钮◄◄或►►可以对工具箱单 / 双栏显示进行控制。

4. 图像编辑窗口

图像编辑窗口位于工作窗口的中心区域，即窗口中灰色的区域，是用于显示并对图像进行编辑操作的地方。左上角为图像编辑窗口的标题栏，其中显示图像的名称、文件格式、显示比例、颜色模式及关闭窗口按钮，如图 1-50 所示。当窗口区域中不能完整地显示图像时，窗口的下边和右边将会出现滚动条，可以通过移动滚动条来调整当前窗口中显示图像的区域。

当新建文档时，图像编辑窗口又称为画布。画布相当于绘画用的纸或布，也就是软件操作的文件。灰色区域不能进行绘画，只有在画布上才能进行各种操作。文件可以溢出画布，但必须移动到画布中才能显示和打印出来。

图 1-50　图像编辑窗口

5．状态栏

当打开一个图像文件后，每个图像编辑窗口的底部为该文件的状态栏，状态栏的左侧是图像的显示比例；中间部分显示的是图像文件信息，单击"小三角"按钮▶，可弹出"显示"菜单，用于选择要显示的该图像文件的信息，如图 1-51 所示。

图 1-51　Photoshop 状态栏

6．浮动控制面板

浮动控制面板是 Photoshop 处理图像时的一个重要功能区，主要用于对当前图像的颜色、图层、样式及相关的操作进行设置，默认的控制面板位于窗口的右边。在使用时可以根据需要随意进行拆分、组合、移动、展开和折叠等操作。

（1）打开和关闭面板：执行"窗口"菜单下的相应子命令，可以打开所需要的面板。菜单中某个面板前打勾，表明该面板已打开，再次执行"窗口"菜单下的相应子命令，可以关闭该面板。

（2）移动面板：将鼠标光标指向面板的标题栏，拖曳鼠标即可移动面板。

（3）拆分和组合面板：将鼠标光标指向一组面板中某一面板名称并拖曳鼠标，即可将该面板从组中拆分出来；反之即可组合。

（4）展开和折叠面板：双击面板名称或单击面板标题栏上的折叠为图标按钮◀◀或展开面板按钮▶▶，即可折叠或展开面板，如图 1-52 所示。

图 1-52　展开面板和折叠为图标

项目总结

　　Photoshop 是一款非常优秀的图形图像处理及平面设计软件，被广泛用于图像处理、广告设计、移动 UI 设计、图文制作、建筑美工、网页美工等行业。Photoshop 是 Adobe 公司推出的图形图像处理软件，其功能强大，了解其简洁的工作窗口及启动 / 退出方法，可以帮助我们轻松使用该软件进行平面设计的创意制作。

单元自测

一、选择题

　　1. 平面设计的目是通过将（　　　）等设计元素经过一定的组合，在给人以美的享受的同时，传达某种视觉信息。

　　　　A. 图形、图像、文字、绘画、色彩

　　　　B. 图形、图像、文字、色彩、版式

　　　　C. 画布、工具、颜色、文字、图像

　　　　D. 版式、文字、图像、绘画、工具

　　2. 平面设计的基本要素主要有（　　　）三种。

　　　　A. 图形、图像和文字　　　　　　　　B. 图形、图像和色彩

　　　　C. 图形、色彩和文字　　　　　　　　D. 图像、文字和色彩

　　3.（　　　）构图以图像充满整版，主要以图像为诉求，视觉传达直观而强烈。

　　　　A. 骨骼型　　　　　B. 曲线型　　　　　C. 倾斜型　　　　　D. 满版型

　　4. 用具象的形象表现抽象的理念和情感，含蓄而曲折地比喻设计的主题内涵，其主要作用是化抽象为形象，变平淡为生动，它属于（　　　）的创意手法。

    A．联想与想象　　　　　　　　B．比喻与象征

    C．夸张与变形　　　　　　　　D．形象的置换

5．关于 Photoshop，说法正确的是（　　　）。

    A．Photoshop 是一款图形制作软件

    B．Photoshop 只能用来设计和制作广告

    C．Photoshop 是一款图形图像处理软件

    D．Photoshop 是一款照片处理软件

二、判断题

1．位图是由"像素"的单个点构成的图形，它由"像素"的位置与颜色值表示。

                                              （　　　）

2．处理位图时，分辨率不会影响最后输出的质量和文件的大小。　　　（　　　）

3．Photoshop 的工作窗口由"菜单栏""工具选项栏""工具箱""图像编辑窗口""浮动控制面板"和"状态栏"6 个部分组成。　　　　　　　　　　　　　（　　　）

三、简答题

1．平面设计的目的是什么？

2．平面设计的创意手法有哪些？

单元 2
图像处理

能力目标

1. 能美化人物形象。
2. 能进行图像的后期合成。
3. 能对照片进行后期处理。
4. 能进行图像特效制作。

知识目标

1. 掌握修图工具的使用方法。
2. 掌握色彩及色调的调整方法。
3. 掌握滤镜的使用方法。

随着数码时代的到来，Photoshop 在数码照片处理上得到了广泛的应用，现在的婚纱设计、影视后期特效，甚至日常生活中照片的处理都离不开 Photoshop。我们常常用 Photoshop 对照片进行后期处理、美化人像、环境人像修饰、照片后期调色、后期合成、后期特效以及后期商业应用等工作。目前有关图像处理的岗位有摄影师、修图师、上妆师及工艺特效师。

项目 1　形象设计

项目描述

"时光"影楼是非常有名的人物肖像设计工作室。影楼的修图师常常需要对照片上的人物进行美化及形象设计，其工作要求是会灵活使用 Photoshop 的修图工具、调色工具及色彩色调的调整命令进行美化。

项目分析

人物形象设计包含的种类很多，本项目就以常见的操作为例进行介绍，主要包括去除人物脸部瑕疵、给人物进行彩妆设计及修饰完美身材。首先选择一张有瑕疵的照片，然后根据照片情况灵活使用修图工具、调色工具以及"液化"滤镜、图层、蒙版等技术进行美化。完成本项目的难点是修图工具及调色工具的使用。本项目可以分为以下 3 个任务：

任务 1　修饰年轻平滑肌肤

任务 2　修饰淡雅生活妆

任务 3　修饰完美身材

单元**2**

图像处理

任务 1　修饰年轻平滑肌肤

修饰年轻平滑肌肤

制作技巧

　　首先运用"污点修复画笔工具"去除眼袋和皱纹，运用"修复画笔工具"去除雀斑，然后进行曲线调整，调整图像的亮度，即可实现修饰平滑年轻肌肤的效果，参考效果如图 2-1 所示。

图 2-1　修饰年轻平滑肌肤的效果

制作步骤

　　（1）执行"文件"→"打开"命令，在弹出的"打开"对话框中选择"平滑 .jpg"，打开一张人物图片，此时的图片效果如图 2-2 所示。

　　（2）右击"背景"图层，在弹出的快捷菜单中选择"复制图层"命令，打开"复制图层"对话框，单击"确定"按钮复制出"背景 拷贝"图层，如图 2-3 所示。

图 2-2　"平滑 .jpg"人物图片

图 2-3　复制图层

（3）单击"污点修复画笔工具"，在属性栏设置"画笔大小"为 19 像素，"类型"为内容识别，勾选"对所有图层取样"复选框，拖动鼠标去除人物脸部的眼袋和皱纹，如图 2-4 所示。

（4）继续使用"污点修复画笔工具"，拖动鼠标去除其余的眼袋和皱纹，效果如图 2-5 所示。

图 2-4　去除眼袋和皱纹

图 2-5　去除眼袋和皱纹后的效果

贴心提示

使用"仿制图章工具"，按住 Alt 键取样，然后拖动鼠标进行涂抹，同样可以去除眼袋和皱纹。

（5）单击"修复画笔工具"，在属性栏设置"画笔大小"为 30 像素，按住 Alt 键不放，在皮肤洁净处单击取样，然后释放 Alt 键，拖动鼠标涂抹额头有皱纹的地方及脸颊两侧的法令纹处，去除皱纹，效果如图 2-6 所示。

（6）单击"磁性套索工具"，在图片中沿脸部和颈部的皮肤绘制选区，如图 2-7 所示。

图 2-6　去除皱纹

图 2-7　绘制选区

（7）按"Ctrl+J"快捷键复制选区生成"图层 1"，按 Ctrl 键，单击"图层 1"的图层缩览图载入选区，单击"图层"面板下方的"添加图层蒙版"按钮，为"图层 1"添加蒙版，此时"图层"面板如图 2-8 所示。

（8）单击"通道"面板中的"图层 1 蒙版"通道，"通道"面板及效果如图 2-9 所示。

图2-8　添加蒙版

图2-9　"通道"面板及效果

（9）单击"画笔工具" ，在属性栏上设置"画笔"为柔边圆 30 像素，"不透明度"为 80%，"流量"为 50%，拖动鼠标涂抹面部和颈部边缘处，效果如图 2-10 所示。

（10）按 Ctrl 键，单击"图层 1"的蒙版缩览图载入选区，效果如图 2-11 所示。

图2-10　涂抹边缘效果

图2-11　载入选区

（11）单击"图层"面板下方的"创建新的填充和调整图层"按钮 ，在弹出的快捷菜单中选择"曲线"命令，打开"属性 - 曲线"面板，向上调整曲线，如图 2-12 所示，此时"图层"面板如图 2-13 所示，最终图片效果如图 2-1 所示。

图2-12　"属性 - 曲线"面板

图2-13　"图层"面板

（12）执行"文件"→"存储"命令，在弹出的"存储为"对话框中以"修饰平滑年轻肌肤 .psd"为文件名保存文件。

知识链接

一、修图工具

在 Photoshop 中常用的修图工具有：污点修复画笔工具、修复画笔工具、修补工具、内容感知移动工具、仿制图章工具、红眼工具、图案图章工具、颜色替换工具，对于复杂的修图，有时还需要使用调色和渐变工具。以下只介绍前四种工具。

污点修复
画笔工具

1. 污点修复画笔工具

"污点修复画笔工具"可以快速修复图像中的瑕疵和其他不理想的地方，使用时只需在有瑕疵的地方单击或拖动鼠标进行涂抹即可消除瑕疵。

具体操作方法如下：

（1）双击工作区，打开如图 2-14 所示的"美丽的新娘 .bmp"素材图片。

（2）单击工具箱的"污点修复画笔工具"，在选项栏中单击画笔按钮 ● 旁边的下三角，打开"画笔"选取器，如图 2-15 所示，在此设置画笔大小。

图 2-14　"美丽的新娘 .bmp"素材图片

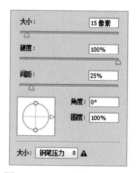

图 2-15　"画笔"选取器

（3）在图片上有文字的地方拖动鼠标进行涂抹，如图 2-16 所示，此时图像中的文字就被自动修复，最终效果如图 2-17 所示。

图 2-16　涂抹文字

图 2-17　最终效果

2. 修复画笔工具

修复画笔工具

"修复画笔工具"可以区域性修复图像中的瑕疵，能够让修复的图像与周围图像的像素进行完美匹配，使样本图像的纹理、透明度、光照和阴影进行交融，修复后的图像不留痕迹地融入图像的其余部分。

具体操作方法如下：

（1）双击工作区，打开如图 2-18 所示的"美女 .jpg"素材图片。

（2）单击工具箱的"修复画笔工具" ，在选项栏中单击画笔按钮 旁边的下三角，打开"画笔"选取器，如图 2-19 所示，在此设置画笔大小。

图 2-18 "美女 .jpg"素材图片

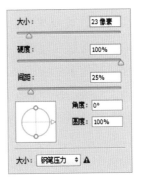

图 2-19 "画笔"选取器

（3）按住 Alt 键的同时在图片上需要清除的青春痘旁边干净的地方单击取样，如图 2-20 所示，然后释放 Alt 键，在青春痘上单击即可去除青春痘，如图 2-21 所示，使用同样的方法修复图像上另外的青春痘，最终效果如图 2-22 所示。

图 2-20 在旁边取样

图 2-21 去除青春痘

图 2-22 最终效果

3. 修补工具

修补工具

"修补工具"是使用图像中其他区域或图案中的内容来修复选区中的内容。与修复画笔工具不同的是，修补工具是通过选区来修复图像。

具体操作方法如下：

（1）双击工作区，打开如图 2-23 所示的素材图片。

（2）单击"修补工具" ，在选项栏上选中"源"单选按钮，在背部文身处绘制任意形状的选区，如图 2-24 所示。

（3）拖动选区向下移动到干净区域，释放鼠标后用其他区域的内容修补选区的内容，从而去除了文身，按"Ctrl+D"快捷键，取消选区，效果如图 2-25 所示。

图 2-23　素材图片

图 2-24　绘制选区

图 2-25　去除文身

仿制图章工具

4．仿制图章工具

"仿制图章工具"可以从图像中取样并将样本应用到其他图像或同一图像的其他部分。另外，仿制图章工具还可以用于修复图片的构图，保留图片的边缘和图像。

具体操作方法如下：

（1）双击工作区，打开如图 2-26 所示的素材图片。

（2）单击"仿制图章工具" 🖳，在选项栏上设置画笔"大小"为 90 像素，按住 Alt 键不放，在图像中露台适当的位置单击取样，如图 2-27 所示，释放 Alt 键。

（3）在素材图片的前方进行涂抹，不断向外扩充，仿制出取样处的图案，涂沫效果如图 2-28 所示。

图 2-26　素材图片

图 2-27　露台取样

图 2-28　涂抹效果

色彩调整命令

二、色彩调整命令

在对图像进行处理时，经常会进行调色，Photoshop 为用户提供了多种调色工具，譬如自动色调、亮度 / 对比度、色阶、曲线、色相 / 饱和度、色彩平衡、匹配颜色及替换颜色等。下面仅介绍曲线工具。

曲线调整允许用户调整图像的整个色调范围，它最多可以在图像的整个色调范围（从阴影到高光）内调整 14 个不同的点，也可以对图像中的个别颜色通道进行精确的调整。

具体操作方法如下：

（1）双击工作区，打开如图 2-29 所示的"快乐 .jpg"素材图片。

（2）执行"图像"→"调整"→"曲线"命令，打开"曲线"对话框，如图 2-30 所示。

图 2-29　"快乐 .jpg"素材图片

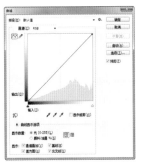

图 2-30　"曲线"对话框

单元2

图像处理

![小技巧]

小技巧

　　如果在"曲线"对话框的"通道"下拉列表框中分别选择"红""黄""蓝"选项，再在网格中调整曲线，可以快速调节图像颜色，赋予图像不同的色调。

　　（3）按住 Alt 键同时在网格内单击，将网格显示方式切换为小网格。单击"预设"右侧的下三角按钮，在弹出的下拉列表中选择"较亮（RGB）"选项，网格中的曲线上自动添加了一个锚点，如图 2-31 所示。此时图像的色调变得较亮，效果如图 2-32 所示。

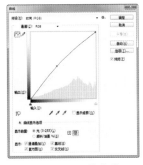

图 2-31　调整曲线

图 2-32　调整曲线后的效果

　　（4）在曲线上单击添加锚点，将锚点向上移动，如图 2-33 所示，单击"确定"按钮，此时图像的对比度和明暗关系都有所改变，亮的区域更亮，暗的区域更暗，效果如图 2-34 所示。

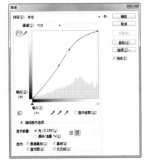

图 2-33　继续调整曲线

图 2-34　调整曲线后的最终效果

修饰淡雅生活妆

任务2　修饰淡雅生活妆

制作技巧

　　首先运用"色相／饱和度"和"色阶"命令给嘴唇上色，然后运用"画笔工具"绘制眼影，最后利用"图层混合模式"添加腮红，即可实现修饰淡雅生活妆的效果，参考效果如图2-35所示。

图2-35　修饰淡雅生活妆的效果

制作步骤

　　（1）执行"文件"→"打开"命令，在弹出的"打开"对话框中选择"淡雅.jpg"，打开一张人物图片，此时的图片效果如图2-36所示。

　　（2）由于人物脸部没有瑕疵，因此直接上妆。单击"钢笔工具" ，在选项栏上选择工具模式为"路径"，沿嘴唇边缘绘制路径，如图2-37所示，单击"路径"面板下方的"将路径作为选区载入"按钮 ，载入选区，如图2-38所示。

图2-36　"淡雅.jpg"人物图片

图2-37　绘制唇部路径

图2-38　载入唇部选区

　　（3）按"Ctrl+J"快捷键复制选区，生成"图层1"，按住Ctrl键，同时单击"图层1"的图层缩览图，载入选区。单击"图层"面板下方的"创建新的填充和调整图层"按钮 ，在弹出的快捷菜单中选择"色相／饱和度"命令，打开调整"色相／饱和度"面板，设置"色相"为 -26，"饱和度"为 +29，"明度"为 0，此时"属性 - 色相 / 饱和度"面板如图 2-39 所示，此时效果如图 2-40 所示。

图 2-39　"属性 - 色相 / 饱和度"面板

图 2-40　调整色相 / 饱和度后的效果

（4）单击"色相 / 饱和度 1"图层的蒙版缩览图，打开"属性 - 蒙版"面板，设置"羽化"为 10 像素，如图 2-41 所示，此时图像效果如图 2-42 所示。

图 2-41　"属性 - 蒙版"面板

图 2-42　羽化后的效果

（5）按住 Ctrl 键，同时单击"图层 1"的图层缩览图，载入选区。单击"图层"面板下方的"创建新的填充和调整图层"按钮 ，在弹出的快捷菜单中选择"色阶"命令，打开"属性 - 色阶"面板，设置参数分别为 66、1.10、249，此时"属性 - 色阶"面板如图 2-43 所示，效果如图 2-44 所示。

图 2-43　"属性 - 色阶"面板

图 2-44　调整色阶后的效果

（6）单击"图层"面板下方的"创建新图层"按钮，新建"图层 2"，单击"画笔工具"，在选项栏上设置"画笔"为柔边圆 15 像素，"不透明度"为 100%，"流量"为 50%，设置前景色 RGB 为 (221,134,229)，在人物上眼皮处涂抹，绘制眼影，效果如图 2-45 所示。

（7）执行"滤镜"→"杂色"→"添加杂色"命令，打开"添加杂色"对话框，设置"数量"为 5%，"分布"为"高斯分布"，勾选"单色"复选框，如图 2-46 所示。

图 2-45　绘制眼影

图 2-46　"添加杂色"对话框

（8）单击"确定"按钮，效果如图 2-47 所示。单击"图层"面板下方的"添加图层蒙版"按钮，添加图层蒙版。单击"橡皮擦工具"，在选项栏上设置"画笔"为柔边圆 13 像素，"不透明度"为 40%，"流量"为 50%，涂抹眼部多余颜色，效果如图 2-48 所示。

图 2-47　添加杂色

图 2-48　涂抹眼影效果

（9）单击"图层"面板下方的"创建新的填充和调整图层"按钮，在弹出的快捷菜单中选择"曲线"命令，打开"曲线"对话框，调整曲线弧度，如图 2-49 所示。

（10）右击"曲线 1"图层，在弹出的快捷菜单中选择"创建剪贴蒙版"命令，提高图像亮度，效果如图 2-50 所示。

（11）单击"图层"面板下方的"创建新图层"按钮，新建"图层 3"，单击"画笔工具"，在选项栏上设置"画笔"为柔边圆 70 像素，"不透明度"为 30%，"流量"为 40%，设置前景色 RGB 为 (252,219,230)，在人物脸部进行涂抹，效果如图 2-51 所示。

（12）设置"图层混合模式"为线性加深，效果如图 2-52 所示。

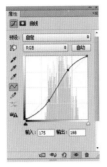

图 2-49　调整曲线弧度

图 2-50　提高图像亮度

图 2-51　脸部涂抹效果

图 2-52　线性加深效果

图 2-53　"属性 - 色彩平衡"面板

（13）单击"图层"面板下方的"创建新的填充和调整图层"按钮 ，在弹出的快捷菜单中选择"色彩平衡"命令，打开"属性 - 色彩平衡"面板，设置参数分别为 -37、-29、-1，如图 2-53 所示，此时效果如图 2-35 所示。

（14）执行"文件"→"存储"命令，在弹出的"存储为"对话框中以"修饰淡雅生活妆 .psd"为文件名保存文件。

知识链接

1. 色相 / 饱和度

色相 / 饱和度用于调整整个图像或单个颜色分量的色相、饱和度和亮度值，可以使图像变得更鲜艳或者改变成另一种颜色。

具体操作方法如下：

（1）双击工作区，打开如图 2-54 所示的"苹果 .jpg"素材图片。

图 2-54　"苹果 .jpg"素材图片

（2）执行"图像"→"调整"→"色相 / 饱和度"命令，打开"色相 / 饱和度"对话框，调整"饱和度"为 17，如图 2-55 所示。调整后图片颜色更鲜艳了，效果如图 2-56 所示。

图 2-55　"色相 / 饱和度"对话框

图 2-56　调整饱和度后的效果

贴心提示

在"色相 / 饱和度"对话框中有两个颜色条，它们以各自的顺序表示色轮中的颜色。上面的颜色条显示调整前的颜色，下面的颜色条显示调整后的颜色。对于"色相"，输入一个值或拖移滑块，改变颜色。对于"饱和度"，将滑块向右拖移增大饱和度，向左拖移减小饱和度。对于"明度"，将滑块向右拖移增大亮度，向左拖移减小亮度。勾选"着色"复选框，可将整个图像改变成单一颜色。

2. 色阶

色阶是表示图像亮度强弱的指数标准，一般地，图像的色彩丰富度和精细度是由色阶决定的。

具体操作方法如下：

（1）双击工作区，打开如图 2-57 所示的"植物 .jpg"素材图片。

（2）执行"图像"→"调整"→"色阶"命令，打开"色阶"对话框，设置"黑场"为 65，如图 2-58 所示，单击"确定"按钮，通过调整色阶，图像变得更清晰了，效果如图 2-59 所示。

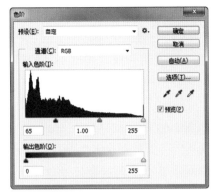

图 2-57　"植物.jpg"素材图片　　　图 2-58　"色阶"对话框　　　图 2-59　调整色阶后的效果

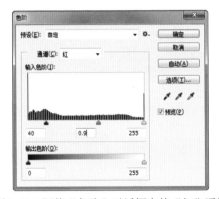

（3）在"色阶"对话框中单击"通道"右侧的下三角按钮，在弹出的下拉列表中选择"红"通道，并设置"黑场"为 40，"中间场"为 0.9，如图 2-60 所示，单击"确定"按钮，此时可以看到图像中添加了绿色，整体上去掉了偏红的色调，效果如图 2-61 所示。

图 2-60　调整"色阶"对话框中的"红"通道　　　图 2-61　调整"红"通道后的效果

（4）在"色阶"对话框中单击"通道"右侧的下三角按钮，在弹出的下拉列表中选择"蓝"通道，并设置"黑场"为 29，如图 2-62 所示，单击"确定"按钮，此时可以看到图像变得更清晰了，也改变了图像的颜色，图像的色调显得更自然了，效果如图 2-63 所示。

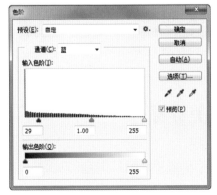

图 2-62　调整"色阶"对话框中的"蓝"通道　　　图 2-63　调整"蓝"通道后的效果

3. 色彩平衡

Photoshop 图像处理中一项重要内容就是调整图像的色彩平衡，通过对图像的色彩平衡的调整，可以解决图像偏色、过度饱和或饱和度不足的问题，控制色彩的分布，使颜色达到平衡的视觉效果。

具体操作方法如下：

（1）双击工作区，打开如图 2-64 所示的"秋天 .jpg"素材图片。

（2）执行"图像"→"调整"→"色彩平衡"命令，或按"Ctrl+B"快捷键，打开"色彩平衡 - 中间调"对话框。要减少某个颜色就要添加这个颜色的补色，这里将绿地调整成黄色。

（3）首先，选中"中间调"单选按钮，依次增加洋红色、黄色，如图 2-65 所示。

图 2-64 "秋天 .jpg"素材图片

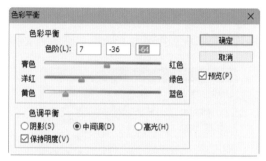

图 2-65 "色彩平衡 - 中间调"对话框

（4）其次，选中"阴影"单选按钮，依次增加洋红色、黄色，如图 2-66 所示。

（5）单击"确定"按钮，得到了秋天的视觉效果，如图 2-67 所示。

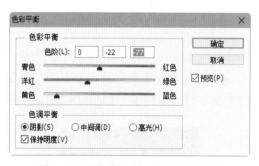

图 2-66 "色彩平衡 - 阴影"对话框

图 2-67 色彩平衡效果

修饰完美身材

任务 3 修饰完美身材

首先运用"液化"中的"膨胀工具"处理人物胸部，然后运用其中的"向前变形工具"处理腰部，最后运用"色相 / 饱和度""曲线"和"色彩平衡"等调整命令更换人物服饰的颜色，即可实现曼妙动人身材的效果，参考效果如图 2-68 所示。

图 2-68　修饰完美身材参考效果

制作步骤

（1）执行"文件"→"打开"命令，在弹出的"打开"对话框中选择"完美身材 .jpg"，打开一张人物图片，此时的图片效果如图 2-69 所示。

（2）将"背景"图层拖至"图层"面板下方的"创建新图层"按钮█上，复制出"背景 拷贝"图层，执行"滤镜"→"液化"命令，在弹出的"液化"对话框中单击左侧工具箱中的"膨胀工具"，在右侧参数设置面板中的工具选项栏中勾选"高级模式"复选框，设置"画笔大小"为 161，"画笔密度"为 70，"画笔速率"为 90，如图 2-70 所示。

图 2-69　"完美身材 .jpg"打开素材图片

图 2-70　膨胀参数设置

（3）在窗口预览框中单击人物的胸部位置，对其进行膨胀处理，效果如图 2-71 所示。

（4）单击左侧工具箱中的"向前变形工具"，在右侧参数设置面板中的工具选项栏中勾选"高级模式"复选框，设置"画笔大小"为 88，"画笔密度"为 70，"画笔压力"为 50，如图 2-72 所示。

图 2-71　胸部膨胀处理效果

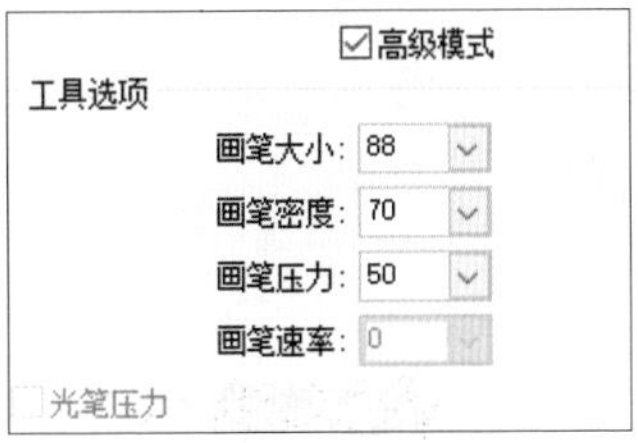

图 2-72　变形参数设置

（5）在预览框中向左推移变形右侧腰部，以同样的方法向右推移变形左侧腰部，反复对腰部进行瘦腰变形处理，使其呈现 S 形身材效果，如图 2-73 所示。如果对变形效果满意，单击"确定"按钮。

贴心提示

在变形过程中，如果对变形效果不满意，可以单击"恢复全部"按钮，将图像还原。

（6）单击"图层"面板下方的"创建新的填充和调整图层"按钮 ⊘，在弹出的快捷菜单中选择"曲线"命令，打开"属性 - 曲线"面板，向上调整曲线弧度，使图像变亮，如图 2-74 所示，此时效果如图 2-75 所示。

图 2-73　腰部收缩变形处理效果　　图 2-74　"属性 - 曲线"面板　　图 2-75　"曲线"效果

（7）选择"魔棒工具" ，在选项栏中单击"添加到选区"按钮 ，然后在人物衣服上连续单击，制作衣服选区，如图 2-76 所示。

（8）再次单击"图层"面板下方的"创建新的填充和调整图层"按钮 ⊘，在弹出的快捷菜单中选择"色相 / 饱和度"命令，打开"属性 - 色相 / 饱和度"面板，勾选"着色"复选框，设置"色相"为 300，"饱和度"为 26，"明度"为 0，如图 2-77 所示，此时"图层"面板如图 2-78 所示，图像最终效果如图 2-68 所示。

图 2-76　制作衣服选区　　　　　　图 2-77　"属性 - 色相 / 饱和度"面板

图 2-78   "图层"面板

（9）执行"文件"→"存储"命令，在弹出的"存储为"对话框中以"打造曼妙动人身材 .psd"为文件名保存文件。

知识链接

液化滤镜的应用

"液化"滤镜的应用

"液化"滤镜是 Photoshop 的独立滤镜，它可以对图像进行扭曲、变形等操作，将图像不完美的地方进行修改。其主要用于对照片进行修饰，可以快速对人物进行大眼、丰胸、瘦脸、瘦腰等美化操作。

具体操作方法如下：

（1）双击工作区，打开如图 2-79 所示的素材图片。

（2）按"Ctrl+ ＋"快捷键将图像放大，使用"抓手工具"移动图像，将人物脸部定位在画面中心位置，如图 2-80 所示。

图 2-79   素材图片

图 2-80   放大图像

（3）执行"滤镜"→"液化"命令，打开"液化"对话框，单击左侧工具箱中的"向前变形工具"，在右侧设置该工具的参数分别为 16、50、100，然后对脸部进行瘦脸的变形操作，如图 2-81 所示。

（4）单击"确定"按钮，经过液化后，可以看出人物脸部呈现瘦削的视觉效果，如图 2-82 示。

图 2-81　对脸部进行瘦脸

图 2-82　瘦脸效果

项目总结

　　爱美是每个人的天性，尤其是脸部，它是体现美丽的关键。Photoshop 是一款优秀的形象设计软件，它可以对图像上的人物进行美化，譬如美泽肌肤、彩妆脸部、添加饰品及改变脸型等。灵活运用修图工具就可以将人物图像中出现的各种瑕疵和缺陷进行修复，利用色彩及色调的调整命令就可以给人物上色，利用液化滤镜可以轻松改变脸型和身材，这就是人物形象设计的关键。

项目 2　后期处理

项目描述

　　作为影楼的一名修图师，除了需要给有瑕疵的人物进行形象美化，还需要对有瑕疵的照片进行修复处理，譬如照片的扶正、修复、调色等的后期处理。修图师的工作要求是灵活使用 Photoshop 的剪裁工具、修图工具及色彩色调的调整命令进行美化。

项目分析

　　照片后期处理包含的种类很多，本项目就以常见的操作为例进行介绍，主要包括调正倾斜的照片、证件照的制作及修正阴天拍摄的照片。选择一张有问题的照片，然后根据照片情况灵活使用裁剪工具、自由变换及色彩色调的调整命令进行调整。完成本项目的难点是自由变换及色彩色调的调整命令的使用。本项目可以分为以下 3 个任务：

　　任务 1　调正倾斜的照片

　　任务 2　制作证件照

　　任务 3　修正阴天拍摄的照片

任务 1　调正倾斜的照片

制作技巧

首先执行"自由变换"命令旋转图片，以扶正草地，然后使用"剪裁工具"将叠影裁切掉，即可调整倾斜的照片，参考效果如图 2-83 所示。

图 2-83　调正倾斜的照片的参考效果

制作步骤

（1）执行"文件"→"打开"命令，在弹出的"打开"对话框中选择"倾斜照片 .jpg"，打开需要扶正的图片，此时的图片效果如图 2-84 所示。

（2）将"背景"图层拖至"图层"面板下方的"创建新图层"按钮 上，复制出"背景 拷贝"图层，执行"编辑"→"自由变换"命令，调出自由变换控制框，旋转控制框至如图 2-85 所示的位置，单击选项栏"提交变换"按钮 进行确认。

图 2-84　"倾斜照片 .jpg"素材图片

图 2-85　旋转图片扶正照片

（3）使用"裁剪工具" 在画面中调整出如图 2-86 所示的选框，以去除两个图层间的叠影，在选框中双击，确认"裁切"操作，得到如图 2-83 所示效果，可以看到倾斜的照片被调整好了。

图 2-86　裁切图片

（4）执行"文件"→"存储"命令，在弹出的"存储为"对话框中以"调整倾斜的
照片 .psd"为文件名保存文件。

知识链接

图像的缩放与旋转

一、图像的缩放与旋转

执行"编辑"→"自由变换"命令或按"Ctrl+T"快捷键就会调出变换图像控制框，
将鼠标置于控制点上，当光标变为 时，按住鼠标进行拖动，可以对图像进行缩放操作；
当光标变为 时，按住鼠标进行拖动，可以对图像进行旋转。

具体操作方法如下：

（1）双击工作区，打开如图 2-87 所示的"芭蕾 .jpg"素材图片。

（2）执行"编辑"→"自由变换"命令调出变换图像控制框，如图 2-88 所示，

图 2-87　"芭蕾 .jpg"素材图片

图 2-88　调出变换图像控制框

（3）将鼠标指针指向对角线控制点，当光标变为 时，拖动鼠标即可对图像进行缩放，
此时，变换框旁边会显示缩放的尺寸，如图 2-89 所示。

（4）将鼠标指针指向对角线控制点，当光标变为 时，拖动鼠标即可对图像进行旋转，
此时，变换框旁边会提示旋转的角度，如图 2-90 所示，双击图像，确认变换操作。

图 2-89　缩放图片

图 2-90　旋转图片

二、图像的裁切

选择工具箱中的"裁剪工具"，此时在图像周围出现矩形裁切框，裁切框的四周有八个控制点，在控点上拖曳鼠标可以调整裁切框的大小，绘制好裁切框后，在裁切框内双击确认裁切结果，此时留下裁切框以内的部分，以外的部分被裁切掉。

图像的裁切

具体操作方法如下：

（1）双击工作区，打开如图 2-91 所示的"童年 .jpg"素材图片。

（2）选择"裁剪工具"，此时在图片周围会出现矩形裁切框，如图 2-92 所示。

图 2-91　"童年 .jpg"素材图片

图 2-92　矩形裁切框

（3）在裁切框的控点上拖曳鼠标调整裁切框的大小，如图 2-93 所示。在裁切框中双击，完成图片的裁切，效果如图 2-94 所示。

图 2-93　调整裁切框大小

图 2-94　裁切效果

图像的透视裁切

三、图像的透视裁切

选择工具箱中的"透视裁剪工具"■裁剪图像，可以旋转或扭曲裁剪定界框，裁剪后，可以对图像应用透视变换。

具体操作方法如下：

（1）双击工作区，打开如图 2-95 所示的"广场 .jpg"素材图片。

（2）选择"透视裁剪工具"■，在图像中绘制如图 2-96 所示的裁剪控制框。

图 2-95　"广场 .jpg"素材图片

图 2-96　绘制裁剪控制框

（3）调整裁剪框的控点位置，获得如图 2-97 所示的透视裁剪框。在裁剪框中双击，完成图片的透视裁剪，效果如图 2-98 所示。

图 2-97　调整裁剪框为透视状

图 2-98　透视裁剪效果

任务 2　去除照片上多余的人

制作技巧

首先使用"磁性套索工具"制作选区，再使用"仿制图章工具"覆盖选区上的污点，然后使用"污点修复画笔工具"修复图像下方的污点，最后灵活使用"修复画笔工具"和"修补工具"修复脸部和衣服上的污点，即可去除整个图像上的污点。效果对比如图 2-99 所示。

图 2-99　去除多余的人效果对比

制作步骤

（1）执行"文件"→"打开"命令，在弹出的"打开"对话框中选择"多余的人 .jpg"素材图片，打开一张图片，如图 2-100 所示。

（2）复制"背景"图层生成"背景 副本"图层。选择"多边形套索工具" ，绘制如图 2-101 所示的选区。

图 2-100　"多余的人 .jpg"素材图片　　　　　图 2-101　绘制选区

（3）选择"修补工具" ，选中"源"单选按钮，将选区向下移至干净处，修补效果如图 2-102 所示。按"Ctrl+D"快捷键取消选区，最终效果如图 2-103 所示。

图 2-102　修补效果

图 2-103　最终效果

（4）执行"文件"→"存储"命令，在弹出的"存储为"对话框中以"去除照片上多余的人 .jpg"为文件名保存文件。

知识链接

一、多边形套索工具

"多边形套索工具"可以通过单击创建多边形选区，适合不需要精准选择的图像。创建选区以后，可以对选区内的图像进行各种编辑操作。

具体操作方法如下：

（1）双击工作区，打开如图 2-104 所示的"人物 .jpg"素材图片。

（2）选择"多边形套索工具"，设置羽化值为 5 像素，在人物边缘处拖动并单击绘制选区，如图 2-105 所示。

（3）当拖动过程中鼠标指针与起始点重合时单击，创建如图 2-106 所示的选区。

图 2-104　"人物 .jpg"素材图片　　　图 2-105　绘制选区　　　图 2-106　创建选区

（4）按"Ctrl+J"快捷键复制选区中的人物生成"图层 1"，如图 2-107 所示，在"图层"面板上就可以看到被抠出来的人物。

（5）选择"图层 1"，按"Ctrl+T"快捷键，调出变换图像控制框，调整人物大小并移动至图像右侧，如图 2-108 所示。

（6）将"图层 1"拖至"图层"面板下方的"创建新图层"按钮上，复制出"图层 1 副本"，执行"编辑"→"变换"→"水平翻转"命令，将人物水平镜像，按"Ctrl+T"快捷键，调整人物大小，如图 2-109 所示。保存该图像为"幸福三姐妹 .psd"。

图 2-107　图层面板

图 2-108　调整人物大小

图 2-109　复制并调整大小

二、修补工具

"修补工具"是使用图像中其他区域或图案中的内容来修复选区中的内容，与修复画笔工具不同的是，修补工具是通过选区来修复图像的。

具体操作方法如下：

（1）双击工作区，打开如图 2-110 所示的"新娘 .jpg"素材图片。

图 2-110　"新娘 .jpg"素材图片

（2）选择"修补工具"，在属性栏中单击"源"按钮，在图像文字处绘制任意形状的选区，如图 2-111 所示。

（3）拖动选区向上移动到没有文字的区域，释放鼠标左键后用其他区域的内容修补选区的内容，从而去除了文字，按"Ctrl+D"快捷键，取消选区，效果如图 2-112 所示。

图 2-111　绘制选区

图 2-112 去除文字

三、仿制图章工具

"仿制图章工具"可以从图像中取样并将样本应用到其他图像或同一图像的其他部分；另外，"仿制图章工具"还可以用于修复图片的构图，保留图片的边缘和图像。

具体操作方法如下：

（1）双击工作区，打开如图 2-113 所示的"狮子王 .jpg"素材图片。

图 2-113　　"狮子王 .jpg"素材图片

（2）选择"仿制图章工具"，在属性栏中设置"画笔大小"为 90 像素，按住 Alt 键的同时在图像中单击取样，释放 Alt 键。

（3）执行"文件"→"打开"命令，打开如图 2-114 所示的"T 恤 .jpg"素材图片。

（4）在"T 恤 .jpg"图片的中间进行涂抹，不断向外扩充，仿制出取样处的图案，效果如图 2-115 所示。

图 2-114　　"T 恤 .jpg"素材图片

图 2-115　仿制效果

任务 3 修正阴天拍摄的照片

制作技巧

首先将图层模式设置为"滤色",提亮照片,再运用"曲线"命令进一步提亮照片,然后运用"色阶"命令加深明暗的参考对比,最后运用"可选颜色"命令将照片的颜色调整为正常颜色,即可修正阴天拍摄的照片,参考效果如图 3-116 所示。

图 2-116 修正阴天拍摄的照片的参考效果

制作步骤

(1)执行"文件"→"打开"命令,在弹出的"打开"对话框中选择"阴天 .jpg",打开一张照片,此时的图片效果如图 2-117 所示。

(2)按"Ctrl+J"快捷键复制"背景"图层。

(3)在"图层"面板的顶部设置图层的混合模式为"滤色",提亮照片,效果如图 2-118 所示。

图 2-117 "阴天 .jpg"素材图片

图 2-118 混合模式效果

 小技巧

复制背景图层,设置混合模式为"滤色",可以提亮照片,非常适合对于颜色较暗的照片进行提亮处理。

（4）单击"图层"面板下方的"创建新的填充或调整图层"按钮 ，在弹出的菜单中选择"曲线"命令，打开"属性 - 曲线"面板，设置"输出"为 146，"输入"为 128，如图 2-119 所示，此时得到"曲线 1"图层，进一步提亮照片。

（5）单击"图层"面板下方的"创建新的填充或调整图层"按钮 ，在弹出的菜单中选择"色阶"命令，打开"属性 - 色阶"面板，设置参数分别为 2、1.00、250，如图 2-120 所示，此时得到"色阶 1"图层，提高了照片的明暗对比度。

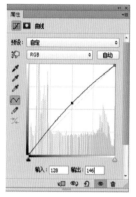　　　　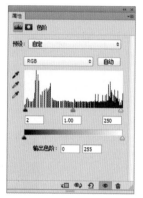

图 2-119　"属性 - 曲线"面板　　　　图 2-120　"属性 - 色阶"面板

（6）单击"图层"面板下方的"创建新的填充或调整图层"按钮 ，在弹出的菜单中选择"可选颜色"命令，打开"属性 - 可选颜色"面板，分别对颜色进行微调，使其更自然，如图 2-121 所示。

图 2-121　"属性 - 可选颜色"面板

（7）经过调色后效果如图 2-116 所示。执行"文件"→"存储"命令，在弹出的"存储为"对话框中以"修正阴天拍摄的照片 .psd"为文件名保存文件。

贴心提示

调色在数码照片后期处理中占有非常重要的地位，包括环境调色、冷暖调色等。对于调色类的工具和命令一定要熟练掌握。

知识链接

可选颜色

使用"可选颜色"命令可以对限定的颜色区域中各像素的青色、洋红色、黄色以及黑色的油墨进行调整,并且不影响其他的颜色。

具体操作方法如下:

(1)双击工作区,打开如图 2-122 所示的"女孩 .jpg"素材图片。

图 2-122   "女孩 .jpg"素材图片

(2)执行"图像"→"调整"→"可选颜色"命令,打开"可选颜色"对话框,设置"颜色"为红色,选中"绝对"单选按钮,如图 2-123 所示,分别调整图像中青色、洋红、黄色及黑色的占比,改变图像颜色。

(3)单击"确定"按钮,调整结果如图 2-124 所示。

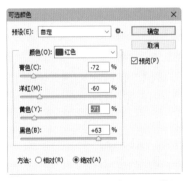

图 2-123   "可选颜色"对话框

图 2-124   调整效果

项目总结

Photoshop 是一款优秀的图像处理软件,在图像的后期处理中有其独特的处理方式,对于那些拍摄水平不高而获得的有问题的照片,灵活运用修图工具、色彩色调的调整及剪切工具、变换工具等辅助工具就可以轻松美化,并且使图像更加精美。

项目3　特效设计

项目描述

作为影楼的一名工艺特效师，常常需要为照片制作各种时尚的特效，使之达到意想不到的艺术效果。工艺特效师的工作要求是灵活使用 Photoshop 的滤镜及色彩色调的调整命令进行特效制作。

项目分析

照片的特效设计种类很多，本项目就以常见的制作为例进行介绍，主要包括制作风格影像、制作仿旧照片和制作蓝色梦幻效果。选择一张人物照片，然后根据照片情况使用不同的滤镜进行特效制作。本项目可以分解为以下 3 个任务：

任务 1　制作风格影像

任务 2　制作仿旧照片

任务 3　制作蓝色梦幻效果

制作风格影像

任务 1　制作风格影像

首先通过"黑白"和"反相"命令获得无色图像，然后使用"颜色减淡"模式配合"最小值"滤镜抽出并强化线条，使用混合颜色带恢复暗部色调，再使用"高斯模糊"滤镜配合混合模式制作虚光效果，使照片达到虚实相间的统一，增强其艺术性，参考效果如图 2-125 所示。

图 2-125　制作风格影像参考效果

制作步骤

（1）执行"文件"→"打开"命令，在弹出的"打开"对话框中选择"风格.jpg"，打开一张人物照片，如图2-126所示。

（2）复制"背景"图层，将复制的图层改名为"黑白"，执行"图像"→"调整"→"去色"命令，将彩色照片转换为黑白照片，效果如图2-127所示。

图2-126 "风格.jpg"素材图片

图2-127 黑白效果

（3）复制"黑白"图层，将复制的图层改名为"反相"，执行"图像"→"调整"→"反相"命令，将黑白图像反相，效果如图2-128所示。

（4）执行"滤镜"→"其他"→"最小值"命令，打开"最小值"对话框，设置"半径"为1像素，"保留"为方形，如图1-129所示。

图2-128 反相效果

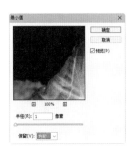

图2-129 "最小值"对话框

（5）单击"确定"按钮，将该图层的混合模式设置为"颜色减淡"，得到人物线稿效果，如图2-130所示。

（6）双击"反相"图层，打开"图层样式"对话框，如图2-131所示，设置"混合颜色带"栏的"下一图层"值为"19/215"。

图2-130 图像效果

图2-131 "图层样式"对话框

（7）单击"确定"按钮，使部分黑色图像被混合，效果如图 2-132 所示。

（8）按"Alt+Shift+Ctrl+E"组合键盖印图像,得到"盖印"图层,设置"图层混合模式"为"线性加深"，效果如图 2-133 所示。

图 2-132　混合后效果

图 2-133　混合模式效果

（9）执行"滤镜"→"模糊"→"高斯模糊"命令,打开"高斯模糊"对话框,设置"半径"分 8 像素,单击"确定"按钮，效果如图 2-134 所示。

（10）选择"背景"图层,按"Ctrl+A"快捷键,全选图像,按"Ctrl+C"快捷键复制图像,选择"盖印"图层,在其上新建一空白图层,命名为"原图",按"Ctrl+V"快捷键粘贴图像,设置"图层混合模式"为"颜色"，效果如图 2-135 所示。

图 2-134　模糊效果

图 2-135　颜色模式效果

（11）复制"原图"图层为"原图 拷贝"图层,设置"图层混合模式"为"正常"，效果如图 2-136 所示。

（12）按 Alt 键,单击"图层"面板底部"添加图层蒙版"按钮 ，建立黑色蒙版,设置前景色为"白色",单击"画笔工具" ,设置"柔角笔尖",大小为"50 像素",在图像的脸部和手部进行涂抹,显露原图的皮肤图像,效果如图 2-137 所示。

图 2-136　混合效果

图 2-137　蒙版效果

（13）单击"图层"面板底部"创建调整图层"按钮，在弹出的菜单中选择"曲线"命令，打开"属性 - 曲线"面板，设置输入值为"128"，输出值为"161"，如图 2-138 所示，图像效果如图 2-139 所示。

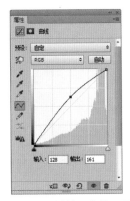

图 2-138 "属性 - 曲线"面板

图 2-139 曲线调整效果

（14）执行"图层"→"创建剪贴蒙版"命令，创建剪贴蒙版，如图 1-140 所示，使曲线调整只针对其下一图层进行调节，即脸部与手部，效果如图 2-125 所示。

图 2-140 创建剪贴蒙版

（15）执行"文件"→"存储"命令，在弹出的"存储为"对话框中设置名称为"风格影像 .psd"，格式为"Photoshop(*.PSD;*.PDD)"，单击"保存"按钮，保存图像文件。

知识链接

"高斯模糊"滤镜

一、"高斯模糊"滤镜

"高斯模糊"滤镜通过控制模糊半径来对图像进行模糊效果处理，它可以为图像添加低频细节，从而产生一种朦胧的效果。

具体操作方法如下：

（1）双击工作区，打开如图 2-141 所示的"姐妹 .jpg"素材图片。

（2）执行"滤镜"→"模糊"→"高斯模糊"命令，打开"高斯模糊"对话框，设置"半径"为 10 像素，如图 2-142 所示，图像就会变得模糊。

（3）单击"确定"按钮，此时图像产生模糊效果，如图 2-143 所示。

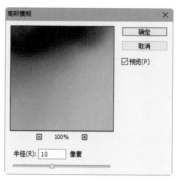

图 2-141　"姐妹 .jpg"素材图片　　图 2-142　"高斯模糊"对话框　　图 2-143　模糊效果

滤镜库

二、滤镜库

"滤镜库"可提供多种特殊效果滤镜的预览。用户可以应用多个滤镜、打开或关闭滤镜的效果、复位滤镜的选项以及更改应用滤镜的顺序。如果对预览效果感到满意，则可以将它应用于图像。

具体操作方法如下：

（1）双击工作区，打开如图 2-144 所示的"男孩 .jpg"素材图片。

（2）复制"背景"图层，生成"背景 拷贝"图层，执行"滤镜"→"滤镜库"命令，打开"滤镜库"对话框，如图 2-145 所示。

图 2-144　"男孩"素材

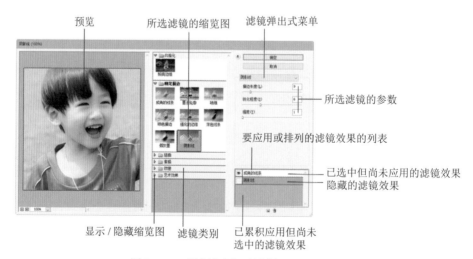

图 2-145　"滤镜库"对话框

（3）滤镜效果是按照它们的选择顺序应用的。譬如，展开"艺术效果"滤镜组，选择"干笔画"滤镜，要添加其他滤镜则单击"新建效果图层"图标 ，再选择应用的另一个滤镜 "胶片颗粒"，然后再单击"新建效果图层"图标 ，选择"塑料包装"滤镜，应用这些滤镜后，"滤镜库"如图 2-146 所示。

图 2-146　应用滤镜后的"滤镜库"对话框

（4）在已应用的滤镜列表中将"塑料包装"滤镜拖动到"干画笔"滤镜之后，重新排列它们，可以显著改变图像的外观，如图 2-147 所示。

图 2-147　调整滤镜位置后的"滤镜库"对话框

（5）单击"干画笔"滤镜旁边的眼睛图标 ，在预览图像中隐藏该滤镜效果，如图 2-148 所示。

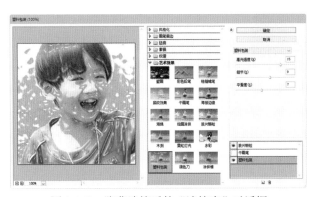

图 2-148　隐藏滤镜后的"滤镜库"对话框

（6）选择"干画笔"滤镜和"塑料包装"滤镜并单击"删除效果突出"按钮 🗑，删除已应用的滤镜，如图 2-149 所示。

图 2-149　删除滤镜后的"滤镜库"对话框

 贴心提示

"滤镜"菜单下所有的滤镜并非都可以在滤镜库中使用。

"颜色"混合模式

三、"颜色"混合模式

"颜色"混合模式可以对图像的颜色进行混合，为图像添加颜色融合过渡的视觉效果。

具体操作方法如下：

（1）双击工作区，打开如图 2-150 所示的"人物 .jpg"素材图片。

（2）复制"背景"图层，得"背景 拷贝"图层，使用"快速选择工具" 选取衣服选区，如图 2-151 所示。

图 2-150　"人物 .jpg"素材图片

图 2-151　制作衣服选区

（3）执行"图像"→"调整"→"色相 / 饱和度"命令，打开"色相 / 饱和度"对话框，设置"色相"为 249，"饱和度"为 85，如图 2-152 所示。

（4）单击"确定"按钮，此时图像的衣服被调整成所选颜色，取消选区，效果如图 2-153 所示。

图 2-152　"色相/饱和度"对话框

图 2-153　更换了衣服的颜色

（5）将"背景 拷贝"图层的混合模式设置为"颜色"，如图 2-154 所示，将两个图层的颜色进行混合，得到衣服的过渡颜色，效果如图 2-155 所示。

图 2-154　"图层"面板

图 2-155　颜色效果

（6）"颜色减淡"混合模式可以快速将曝光不足的图像修正为合适的光感；相反，"线性加深"混合模式则可以调整图像的曝光过度效果。将上例的混合模式改为"颜色减淡"，效果如图 2-156 所示。

（7）将上例的混合模式改为"线性加深"，效果如图 2-157 所示。

图 2-156　颜色减淡效果

图 2-157　线性加深效果

任务 2　制作仿旧照片

制作仿旧照片

首先将彩色照片转换为黑白照片，运用"曲线"命令配合图像蒙版模仿明暗色调不均的效果，通过揉皱的素材叠加、划痕的添加、发黄色调的晕染及墨汁的浸润，得到一张以假乱真的老照片，参考效果如图 2-158 所示。

图 2-158　制作仿旧照片参考效果

制作步骤

（1）执行"文件"→"打开"命令，在弹出的"打开"对话框中选择"仿旧 .jpg"，打开一张彩色照片，如图 2-159 所示。

图 2-159　"仿旧 .jpg"素材照片

（2）将"背景"图层拖至"图层"面板下方的"创建新图层"按钮 上，复制出"背景 拷贝"图层。执行"图层"→"新建调整图层"→"黑白"命令，弹出"属性 - 黑白"面板，将"蓝色"设置为"238"，将蓝上衣变浅，其他参数不变，如图 2-160 所示。得到黑白效果照片，如图 2-161 所示。

图 2-160　"属性 - 黑白"面板

图 2-161　黑白效果

（3）单击工具箱的"以快速蒙版模式编辑"按钮 ，进入快速蒙版模式，单击"渐变工具" ，在工具选项栏设置"由黑到白"线性渐变，在照片上垂直拉出渐变效果，如图 2-162 所示。

（4）单击工具箱的"以标准模式编辑"按钮，得到下半部分选区，如图 2-163 所示。

图 2-162　快速蒙版效果

图 2-163　转换为选区

（5）执行"图层"→"新建调整图层"→"曲线"命令，弹出"属性 - 曲线"面板，设置参数，如图 2-164 所示，经过调整，照片下半部分得到柔和的变暗效果，如图 2-165 所示。

（6）单击"通道"面板底部"创建新通道"按钮，新建"Alpha 1"通道。执行"滤镜"→"滤镜库"命令，弹出"滤镜库"对话框，展开"纹理"，选择"颗粒"滤镜，设置"强度"为 100，"对比度"为 75，"颗粒类型"为水平，如图 2-166 所示。

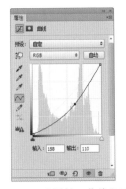

图 2-164　"属性 - 曲线"面板　　图 2-165　曲线效果　　图 2-166　"颗粒"面板

（7）单击"确定"按钮，效果如图 2-167 所示。单击"通道"面板底部"将通道作为选区载入"按钮，为颗粒制作选区。单击"RGB"通道，返回 RGB 通道，此时可见刚才所作选区，如图 2-168 所示。

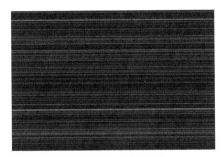

图 2-167　颗粒效果

图 2-168　显示选区

（8）新建空白图层，命名为"水平划痕"，设置前景色为白色，按"Alt+Delete"组合键为选区填充白色，按"Ctrl+D"快捷键取消选区，添加水平划痕，效果如图 2-169 所示。

（9）按 Alt 键，单击"图层"面板底部的"添加图层蒙版"按钮，为"水平划痕"图层添加黑色蒙版，隐藏照片中的全部划痕。

（10）使用"画笔工具" 在蒙版上进行涂抹，得到想要的划痕，效果如图 2-170 所示。

图 2-169　添加划痕效果

图 2-170　水平划痕效果

（11）参照水平划痕制作方法制作垂直划痕。不同的是"颗粒"滤镜的类型为"垂直"，效果如图 2-171 所示。

（12）划痕不可能是规则的，需要制作斜划痕。在"通道"面板中，按 Ctrl 键，单击"Alpha 2"通道缩览图，得到"Alpha 2"选区。

（13）选择"矩形选框工具" ，按"Shift+Alt"组合键在照片中框选选区交叉的部分，新建"图层 1"，将其命名为"斜划痕 1"，将选区填充白色，取消选区，效果如图 2-172 所示。

图 2-171　垂直划痕效果

图 2-172　交叉区域划痕

（14）按"Ctrl+T"快捷键调整划痕的大小、位置和方向，此时划痕很清晰，为其添加黑色蒙版，使用"画笔工具"进行涂抹，将划痕涂抹出虚实不规则变化的效果，如图 2-173 所示。

（15）新建图层组，命名为"划痕"，将所有划痕图层移至该图层组中，如图 2-174 所示。

（16）新建"Alpha 3"通道，执行"滤镜"→"渲染"→"分层云彩"命令，效果如图 2-175 所示。连续按 5 次"Ctrl+F"快捷键重复分层云彩，效果如图 2-176 所示。

（17）执行"滤镜"→"滤镜库"命令，弹出"滤镜库"对话框，展开"素描"组，选择"撕边"滤镜，参数设置如图 2-177 所示，单击"确定"按钮，效果如图 2-178 所示。

图 2-173　斜划痕效果

图 2-174　新建图层组

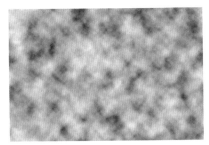

图 2-175　分层云彩效果

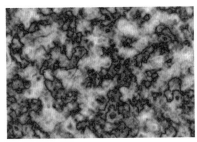

图 2-176　多次分层云彩

图 2-177　"撕边"参数设置

图 2-178　撕边效果

（18）执行"滤镜"→"滤镜库"命令,弹出"滤镜库"对话框,展开"画笔描边"组,选择"喷溅"滤镜,参数设置如图 2-179 所示,单击"确定"按钮,效果如图 2-180 所示。

图 2-179　"喷溅"参数设置

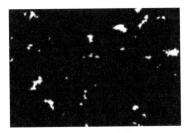

图 2-180　喷溅效果

（19）按 Ctrl 键,单击"Alpha 3"通道缩览图,得到"Alpha 3"选区。新建图层 1,将其命名为"污渍",填充黑色,按"Ctrl+D"快捷键取消选区,效果如图 2-181 所示。

（20）选择"多边形套索工具" ，将污渍块圈选移动到合适的位置，将多余的色块圈选并删除，效果如图 2-182 所示。

图 2-181　添加污渍

图 2-182　调整污渍效果

（21）设置"污渍"图层的混合模式为"叠加"，不透明度为"30%"，效果如图 2-183 所示。

（22）双击"污渍"图层空白处，打开"图层样式"对话框，单击"内发光"效果，设置"混合模式"为正片叠底，"不透明度"为 75%，颜色为 RGB(56,39,3)，单击"确定"按钮，得到水渍效果，如图 2-184 所示。

图 2-183　叠加效果

图 2-184　水渍效果

（23）新建图层 1，将其命名为"杂色"，执行"编辑"→"填充"命令，打开"填充"对话框，设置"使用"为 50% 灰色，如图 2-185 所示，单击"确定"按钮，将该图层的混合模式设置为"叠加"，效果如图 2-186 所示。

图 2-185　"填充"对话框

图 2-186　图层叠加效果

（24）执行"滤镜"→"杂色"→"添加杂色"命令，打开"添加杂色"对话框，设置"数量"为 5%，选中"高斯分布"单选按钮，勾选"单色"复选框，如图 2-187 所示，单击"确定"按钮，为照片添加杂色效果，如图 2-188 所示。

（25）添加纸纹效果。打开素材图片"纸 .jpg"，如图 2-189 所示，使用"移动工具" 将其移至制作的照片中，适当调整大小，将该图层命名为"纸纹"，如图 2-190 所示。

图 2-187　"添加杂色"对话框

图 2-188　添加杂色效果

图 2-189　"纸 .jpg"素材图片

图 2-190　建立"纸纹"图层

（26）按"Ctrl+J"快捷键复制"纸纹"图层，隐藏复制的图层。将"纸纹"图层的混合模式设置为"叠加"，效果如图 2-191 所示。

（27）按"Shift+Ctrl+U"组合键进行去色处理，效果如图 2-192 所示。

图 2-191　纸纹效果

图 2-192　去色效果

（28）单击"图层"面板底部"添加图层蒙版"按钮 ，为"纸纹"图层添加蒙版。选择"画笔工具" ，设置前景色为黑色，将照片中没有纸纹折痕的部分擦除，效果如图 2-193 所示。

（29）显示"纸纹 拷贝"图层，将其命名为"色斑"，将该图层的混合模式设置为"正片叠底"，效果如图 2-194 所示。

（30）执行"图层"→"新建"→"图层"命令，在弹出的"新建图层"对话框中，勾选"使用前一图层创建剪贴蒙版"复选框，如图 2-195 所示，单击"确定"按钮，打开"属性 - 曲线"面板，参数设置如图 2-196 所示，效果如图 2-197 所示。

图 2-193 蒙版效果

图 2-194 正片叠底效果

图 2-195 "新建图层"对话框

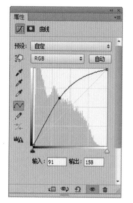
图 2-196 "属性 - 曲线"面板

图 2-197 曲线效果

（31）执行"图层"→"新建"→"图层"命令，弹出"新建图层"对话框，设置"名称"为颜色修补，"模式"为颜色，单击"确定"按钮，新建"颜色修补"图层。

（32）选择"画笔工具" ，按 Alt 键将"画笔工具"变为"吸管工具"，在照片中单击所需颜色，放开 Alt 键，恢复画笔工具，在脸部进行涂抹，去除脸部黄颜色，效果如图 2-198 所示。

（33）执行"图层"→"新建调整图层"→"曲线"命令，弹出"新建图层"对话框，单击"确定"按钮，打开"属性 - 曲线"面板，参数设置如图 2-199 所示，效果如图 2-200 所示。

（34）执行"图层"→"新建调整图层"→"色相 / 饱和度"命令，打开"色相 / 饱和度"面板，设置饱和度为 -60，其他参数不变，效果如图 2-158 所示。

（35）执行"文件"→"存储"命令，在弹出的"存储为"对话框中设置名称为"仿旧照片 .psd"，格式为"Photoshop(*.PSD;*.PDD)"，单击"保存"按钮，保存图像文件。

图 2-198　去除部分黄色

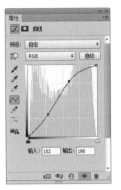

图 2-199　"属性 - 曲线"面板

图 2-200　调亮照片

知识链接

蒙版的创建

一、图层蒙版

1. 蒙版的创建

图层蒙版可以轻松控制图层区域的显示或隐藏，是进行图像合成操作最常用的方法。使用图层蒙版混合图像，可以在不破坏图像的情况下反复进行操作，直到达到满意的效果。

具体操作方法如下：

（1）打开两张素材图片，如图 2-201 所示。

图 2-201　素材图片

（2）使用"移动工具" 将人物拖到背景图片上，调整人物图片的大小及位置，单击"添加图层蒙版"按钮，即可在当前图层上添加图层蒙版。

（3）使用"渐变工具"在图像上拖曳填充渐变色，则位于蒙版黑色区域的图像被隐藏起来，此时的"图层"面板及效果如图 2-202 所示。

图 2-202 "图层"面板及图层蒙版添加效果

 贴心提示

添加图层蒙版后，要先按 D 键恢复默认的前景色和背景色。

2. 快速蒙版

快速蒙版可以自由地对蒙版区域的形状进行任意编辑以获得所需选区。具体操作方法如下：

（1）双击工作区，打开"下雪 .jpg"素材图片，如图 2-203 所示。

（2）抠选"房子"，由于图片背景较复杂，可以借助"快速蒙版"进行精确抠选。复制图片得到"背景 拷贝"，单击工具箱下方的"以快速蒙版模式编辑"按钮，进入"快速蒙版"编辑模式。

（3）选择"画笔工具"，设置前景色为黑色，主直径建议为 10 ～ 30 像素，画笔硬度为 100%。涂抹房子，如图 2-204 所示。对于涂抹红色过多的区域，要配合用"橡皮擦工具"来清除。

图 2-203 "下雪 .jpg"素材图片　　　　图 2-204 涂抹房子

（4）继续使用"画笔工具"进行涂抹，在涂抹的过程中可以随时调整笔尖大小，最终涂抹的区域如图 2-205 所示。

图 2-205　用画笔涂抹房子区域

（5）单击工具箱下方的"以标准模式编辑"按钮，进入标准模式编辑状态，就会出现精确的房子选区。由此可见，"快速蒙版工具"可以为用户制作精确选区提供支持。

3．剪贴蒙版

剪贴蒙版也是一种蒙版效果，它是通过使用处于下方图层的形状来限制上方图层的显示状态，达到一种剪贴画的效果。

剪贴蒙版

具体操作方法如下：

（1）双击工作区，打开"瑜伽女孩 .jpg"素材图片，如图 2-206 所示。

（2）使用"魔棒工具"制作图片背景选区，并按 Delete 键将背景删除，如图 2-207 所示。

（3）执行"文件"→"打开"命令，打开"背景 .jpg"素材图片，如图 2-208 所示。

（4）使用"移动工具"将"背景 .jpg"图片移至"瑜伽女孩 .jpg"图片中，生成"图层 1"，按"Ctrl+T"快捷键调整其大小和位置。

（5）右击"图层 1"，在弹出的快捷菜单中选择"创建剪贴蒙版"命令，得到以瑜伽女孩为形状的一个剪贴效果，如图 2-209 所示。

图 2-206　"瑜伽女孩 .jpg"　　图 2-207　去除图片　　图 2-208　"背景 .jpg"　　图 2-209　剪贴蒙版
　　　　　素材图片　　　　　　　　　背景　　　　　　　　素材图片

通道

二、通道

通道是由蒙版演变而来的，也可以说是选区，在通道中，白色代替透明区域，表示选区部分，黑色代表非选区部分，因此，通道与蒙版类似，当它依附其他图层存在时，才能体现它的功能。

通道分为复合通道、颜色通道、Alpha 通道和专色通道，使用最多的是 Alpha 通道。

Alpha 通道是计算机图形学中的术语，指的是特别的通道。Alpha 通道将选区存储为灰度图像，因此常常用于保存选取范围，而且不会影响图像的显示和印刷效果。另外也可以添加 Alpha 通道来创建和存储蒙版。

1．新建通道

（1）执行"窗口"→"通道"命令，打开"通道"面板，在"通道"面板上单击"创建新通道"按钮 即可新建一个 Alpha 通道，如图 2-210 所示。

（2）可以以选区创建通道。使用"魔棒工具" 创建人物选区，将前景色设置为"白色"，在"通道"面板中新建 Alpha 通道，填充前景色，取消选区，这样就可以将选区保存在通道中，如图 2-211 所示。

图 2-210　新建 Alpha 1 通道

图 2-211　选区在通道中

2．将通道作为选区载入

当需要将通道的内容转换为选区时，可以进行载入操作。

具体操作方法如下：

（1）按下 Ctrl 键并单击需要载入的通道。

（2）在"通道"面板上单击"将通道作为选区载入"按钮 。

（3）执行"选择"→"载入选区"命令，打开"载入选区"对话框，如图 2-212 所示，选择所要载入的通道。

3．将选区存储为通道

（1）在"通道"面板上单击"将选区存储为通道"按钮 ，生成一个新的 Alpha 通道。

（2）执行"选择"→"存储选区"命令，打开"存储选区"对话框，如图 2-213 所示。如果不给这个新建的通道命名，那么会自动命名为 Alpha 1。

图 2-212　"载入选区"对话框　　　　图 2-213　"存储选区"对话框

4. 复制 Alpha 通道

在编辑通道之前，可以复制图像的通道以创建一个备份。另外，也可以将 Alpha 通道复制到新图像中以创建一个选区库，并将选区逐个载入当前图像以保持文件较小。

具体操作方法如下：

（1）在"通道"面板中拖动要复制的 Alpha 通道到"创建新通道"按钮🔲上，即可复制一个 Alpha 通道的副本，如图 2-214 所示。

（2）打开或新建一个文件，激活要复制通道的图像，并在"通道"面板中拖动要复制的通道到打开或新建的文件呈抓手状时松开鼠标左键，此时可将源文件中的 Alpha 通道复制到目标文件中，如图 2-215 所示。

图 2-214　复制通道　　　　　　图 2-215　文件间复制通道

5. 删除通道

当不再需要某通道时，可将其删除。在"通道"面板中，拖动要删除的通道到"删除当前通道"按钮🗑上即可删除该通道。

制作蓝色梦幻效果

任务 3　制作蓝色梦幻效果

制作技巧

　　由于使用调整命令或多或少会丢失一些颜色数据，因此在对图像进行处理之前，首先需要将原图像复制一份，以避免数据的丢失。然后利用"调整"命令中的"可选颜色""照片滤镜""色相 / 饱和度"以及"色阶"等命令进行处理，制作蓝色梦幻背景效果，如图 2-216 所示。

图 2-216　蓝色梦幻效果

制作步骤

　　（1）执行"文件"→"打开"命令，打开"梦幻 .jpg"素材图片，如图 2-217 所示，复制"背景"图层，得到"背景 拷贝"图层。

　　（2）执行"滤镜"→"模糊"→"高斯模糊"命令，打开"高斯模糊"对话框，设置"半径"为 5 像素，如图 2-218 所示，单击"确定"按钮。

图 2-217　"梦幻 .jpg"素材图片

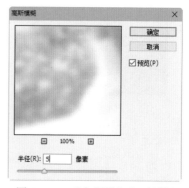

图 2-218　"高斯模糊"对话框

（3）在"图层"面板中设置该图层的"混合模式"为柔光，"不透明度"为60%，效果如图2-219所示。按"Ctrl+Shift+Alt+E"快捷键盖印图层，得到"图层1"。

（4）执行"窗口"→"通道"命令，打开"通道"面板，选择"绿"通道，按"Ctrl+A"快捷键全选"绿"通道图像，再按"Ctrl+C"快捷键复制"绿"通道，如图2-220所示，选择"蓝"通道，按"Ctrl+V"快捷键将"绿"通道粘贴到"蓝"通道中，如图2-221所示。

图2-219　柔光效果

图2-220　复制"绿"通道

（5）返回"RGB"通道，按"Ctrl+D"快捷键取消选区，效果如图2-222所示。

图2-221　粘贴"绿"通道

图2-222　通道效果

（6）执行"图像"→"调整"→"可选颜色"命令，打开"可选颜色"对话框，在"颜色"框中选择青色，参数设置如图2-223所示。单击"确定"按钮，效果如图2-224所示。

图2-223　"可选颜色"对话框

图2-224　调整效果

（7）执行"图像"→"调整"→"照片滤镜"命令，打开"照片滤镜"对话框，设置"滤镜"为冷却滤镜（82），"颜色"为青色，"浓度"为16%，如图2-225所示。单击"确定"按钮，效果如图2-226所示。

图 2-225 "照片滤镜"对话框

图 2-226 滤镜效果

（8）执行"图像"→"调整"→"色相 / 饱和度"命令，打开"色相 / 饱和度"对话框，设置"饱和度"为 -26，如图 2-227 所示。单击"确定"按钮，效果如图 2-228 所示。

图 2-227 "色相 / 饱和度"对话框

图 2-228 饱和度效果

（9）执行"图像"→"调整"→"色阶"命令，打开"色阶"对话框，选择"RGB"通道，设置暗调、中间调、高光依次为 16、1.30、210，如图 2-229 所示。选择"绿"通道，设置中间调为 0.9，如图 2-230 所示。

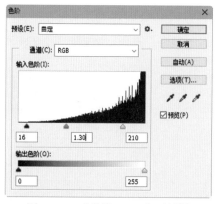

图 2-229 "色阶 -RGB"对话框

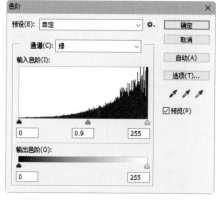

图 2-230 "色阶 - 绿"对话框

（10）单击"确定"按钮，效果如图 2-216 所示。至此，蓝色梦幻效果制作完成，执行"文件"→"存储为"命令，在打开的"存储为"对话框中将其重新命名为"蓝色梦幻效果"，单击"保存"按钮保存最终效果。

知识链接

"照片"滤镜

使用"照片滤镜"命令可以调整图像为暖色调或冷色调，还可以根据需要自定义色调。具体操作方法如下：

（1）双击工作区，打开如图 2-231 所示的素材图片。

（2）执行"图像"→"调整"→"照片滤镜"命令，打开"照片滤镜"对话框，设置"滤镜"为"冷却滤镜 (82)"，"浓度"为 60%，如图 2-232 所示，调整图像为冷色调。

（3）单击"确定"按钮，此时图像变得清新和温馨，效果如图 2-233 所示。

图 2-231　素材图片

图 2-232　"照片滤镜"对话框

图 2-233　"照片滤镜"效果

项目总结

　　影楼是一个为客户创造摄影艺术的行业。在迅速发展的数码时代，取得美妙的艺术照片效果是提高竞争力的重要条件。正确和灵活运用 Photoshop 提供的滤镜功能就可以达到这个目的。

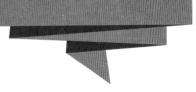

单元自测

　　1．试为如图 2-234 所示的生活照润色，给人物进行淡妆设计。

　　操作提示：首先运用"色相/饱和度"和"色阶"命令给嘴唇上色，然后运用"画笔工具"绘制眼影，最后利用"图层混合模式"添加腮红即可实现淡妆效果。

　　2．外出旅游时照相纪念是在所难免的。但由于景区游客很多，照片往往会有其他的人存在，在照片的后期处理中需要使用 Photoshop 中的工具去除。现有如图 2-235 所示的照片，试着做一下。

图 2-234　淡妆设计

图 2-235　去除多余的人

操作提示：对于小片区域使用修复画笔工具或修补工具进行修复操作，对于大片区域使用仿制图章工具进行修复操作。

3．利用滤镜为如图 2-236 所示的风景图片添加飞舞的雪花效果。

图 2-236　下雪风景

操作提示：首先利用"色阶"命令将图片调暗；然后利用"点状化"滤镜制作雪花，利用"动感模糊"滤镜制作飞舞效果；最后利用"滤色"图层模式和添加图层蒙版制作雪花虚实效果即可。

单元 3
广告设计

能力目标

1. 能进行常见广告海报作品的设计和制作。
2. 能对会展作品进行设计和制作。
3. 能设计和制作各种包装产品。

知识目标

1. 了解常见广告类作品的设计流程。
2. 掌握图层的相关知识及操作。
3. 掌握选区的概念及操作方法。
4. 掌握填充的概念及操作方法。
5. 掌握广告、海报、展板、包装的设计制作流程和方法。

　　广告设计是平面设计的重要应用，它是根据产品的内容进行广告宣传的总体设计，是一项极具艺术性和商业性的设计。而 Photoshop 是广告设计领域的主力工具，是完成平面广告作品必不可少的设计软件。

　　广告设计不仅要在视觉上给人一种美的享受，更要向广大的消费者传达一种信息、一种理念。无论是各种类型的广告海报、报纸杂志、邮品传单，还是市场上经常看到的广告招贴、包装及封面装帧，Photoshop 都能大显身手。目前有关广告设计的岗位有广告设计师、广告设计操作员、制图师、杂志美编、美术编辑、封面包装设计师、商业策划师、印刷输出师等。

项目 1　墙体广告设计

项目描述

　　"佳美"视觉广告设计公司是一家致力于产品及广告设计的公司，公司业务主打墙体广告设计与制作。作为平面设计人员，常常要对公司承接的各类产品或公益活动进行广告设计宣传，其工作要求是会使用 Photoshop 进行精确抠图，会灵活使用调色工具和滤镜进行创意设计。

项目分析

墙体广告就是以道路两旁的墙面为载体进行的广告宣传，其特点是成本低、分布广和视觉效果好。广告和海报类作品具有画面大、内容广泛、表现力丰富、远视效果显著等特点。

本项目就以常见宣传广告作品为例进行介绍，主要包括宣传海报设计和公益广告设计。首先根据内容收集素材，然后进行创意设计，根据设计要求精确抠图，灵活使用图层、蒙版外加滤镜和色彩色调的调整命令。本项目可以分为以下 2 个任务：

任务 1　宣传海报设计
任务 2　公益广告设计

宣传海报设计

任务 1　宣传海报设计

"我爱运动"俱乐部想在国庆节举办一场篮球友谊赛，需要一份有关这方面的宣传海报。俱乐部将其交给了"佳美"视觉广告设计公司来完成，要求作品能够体现积极向上的运动精神。

制作技巧

首先，收集多张关于篮球方面的素材图片，根据海报主题，要求灵活使用"魔棒工具"和"快速选择工具"抠选出所需素材；然后，灵活使用选区工具组及所选素材设计装饰背景；最后，使用"图层"样式给图像和文字添加效果，参考效果如图 3-1 所示。

图 3-1　宣传海报设计参考效果

制作步骤

（1）执行"文件"→"新建"命令，在弹出的"新建"对话框中设置参数，如图 3-2所示。

（2）单击"确定"按钮，新建白色画布。单击工具箱的"设置前景色"按钮■，打开"拾色器（前景色）"对话框，设置颜色参数，如图3-3所示，按"Alt+Delete"快捷键给画布填充前景色。

图3-2 "新建"对话框

图3-3 "拾色器（前景色）"对话框

（3）单击"图层"面板下方的"创建新图层"按钮■，新建"图层1"，使用"钢笔工具"■绘制一个梯形路径，填充"黑色"，设置图层不透明度为"70%"，效果如图3-4所示。

（4）执行"图层"→"图层蒙版"→"显示全部"命令，给"图层1"创建蒙版，设置前景色为"白色"，选择"画笔工具"■进行涂刷，添加光晕效果，如图3-5所示。

图3-4 绘制梯形

图3-5 图层蒙版效果

（5）新建"图层2"，使用"钢笔工具"■绘制一个倾斜的四边形路径，如图3-6所示。

图3-6 绘制路径

（6）右击路径，在弹出的快捷菜单中选择"建立选区"命令，打开"建立选区"对话框，如图3-7所示，单击"确定"按钮，将路径转换为选区，如图3-8所示。

图 3-7 "建立选区"对话框

图 3-8 将路径转换为选区

（7）按"Ctrl+Shift+I"快键进行反选，再按"Alt+Delete"快捷键为选区填充前景色，将图层的混合模式设置为"叠加"，效果如图 3-9 所示。

（8）为了调整整体效果，使布局对称层次更丰富，给左右两侧各添加一个不规则装饰。执行"文件"→"打开"命令，打开素材文件"两侧装饰 .psd"，将其拖动到海报设计窗口，调整其位置即可得到如图 3-10 所示的效果。

图 3-9 叠加效果

图 3-10 完整背景效果

（9）执行"文件"→"打开"命令，在弹出的"打开"对话框中选择"篮球 .jpg"素材图片，如图 3-11 所示。

（10）选择"魔棒工具" ，在图像中白色的区域内单击以选中除了篮球以外的整个白色区域，如图 3-12 所示。然后按"Ctrl+Shift+I"快捷键进行选区反选操作，得到如图 3-13 所示的篮球选区。

图 3-11 "篮球 .jpg"素材图片

图 3-12 选择白色区域

图 3-13 反选效果

（11）选择"移动工具" ，将选中的篮球移动到制作好的背景上。单击篮球所在图层，按"Ctrl+T"快捷键调出自由变换框，对导入的篮球进行大小和倾斜角度的调整，然后按 Enter 键确认，如图 3-14 所示。

图 3-14　篮球图片的调整

（12）为了让篮球更加突出，给篮球添加"外发光"图层样式。单击"图层"面板下方的"添加图层样式"按钮 **fx**，在弹出的"图层样式"对话框中勾选"外发光"复选框，参数设置如图 3-15 所示。单击"确定"按钮，效果如图 3-16 所示。

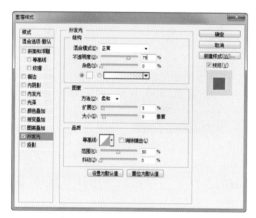

图 3-15　"图层样式"对话框

图 3-16　"外发光"效果

（13）依次从素材图片中提取出篮球框和人物剪影，并调整好各图片的尺寸及位置进行合成，效果如图 3-17 所示。

图 3-17　素材合成效果

小技巧

合成素材时，最好在所需全部素材都到位后，再根据版面调整各素材的位置和尺寸。

（14）执行"文件"→"打开"命令，在弹出的"打开"对话框中选择素材文件"标题文字 .jpg"。选择"钢笔工具" ✐，沿着"篮球赛"的文字轮廓创建一个闭合路径，右击该路径，在弹出的快捷菜单里选择"建立选区"命令，打开"建立选区"对话框，为使效果更自然，设置"羽化半径"为 2 像素，如图 3-18 所示。

（15）单击"确定"按钮，将路径转化为选区，使用"移动工具" ▶♣将文字拖动到前面合成文件中，效果如图 3-19 所示。

图 3-18　建立选区

图 3-19　移动文字

（16）选择"横排文字工具" T，在图像窗口中单击，确定插入点，在工具选项栏中设置文字为"白色"，字体为"黑体"，字体大小为"90 点"，输入"地点：'我爱运动'俱乐部"和"时间：2020.10.01-10：00"。单击文字所在图层，按"Ctrl+T"快捷键调出变换框，将文字旋转至和背景角度相同。最后，给文字添加"投影"图层样式，使文字具备立体感。

（17）选择"横排文字工具" T，在工具选项栏设置字体为"细圆"，字体大小为"100点"，输入"主办：'我爱运动'俱乐部"，并添加"投影"图层样式。整个海报完成效果如图 3-1 所示。

知识链接

图层及"图层"面板

一、图层与"图层"面板

1. 什么是图层？

图层是 Photoshop 的核心功能之一，是图像编辑的基础。简单来说，图层可以看作一张一张独立的透明胶片。其中，每一张胶片上都绘制有图像的一部分内容，将所有胶片按顺序叠加起来，就可以得到完整的图像。也就是说，图层是装载图像的容器，如图 3-20 所示。

图 3-20　图层与"图层"面板

2. 图层的类型

根据其作用不同，图层分为普通图层、调整与填充图层、文字图层和形状图层。

3. "图层"菜单和"图层"面板

对图层的操作主要通过"图层"菜单和"图层"面板来实现。

"图层"菜单包含了对图层操作的命令。"图层"菜单中的命令随着选择图层的不同会发生变化，呈灰色显示的菜单命令对当前图层不起作用。

"图层"面板包含了图层的绝大部分功能，如图 3-21 所示。面板中部区域用于显示当前图像中的所有图层、图层组和图层效果。单击眼睛图标，可对当前图层进行显示或隐藏操作，眼睛图标右侧为图层缩览图，用于缩微显示图层内容。缩览图右侧为图层名称，双击图层名称可以更改图层的名字。

图 3-21　"图层"面板

面板上部区域用于控制图层状态，可以设置当前图层与其下图层的混合方式、透明程度以及图层的锁定。

面板下部区域由图层的各功能按钮组成，可以进行图层的新建、删除、添加样式、添加蒙版、图层间的链接、添加填充与调整图层、新建图层组等操作。

 贴心提示

按住 Alt 键，单击图层的眼睛图标，可以显示 / 隐藏除本图层外的所有其他图层。

二、图层的操作

图层的操作包括图层的新建、复制、删除、选择、锁定等。

1. 新建普通图层

单击"图层"面板中的"创建新图层"按钮  或使用"Ctrl +Alt+Shift+N"快捷键。

2. 复制图层

在"图层"面板中，拖动要复制的图层到"创建新图层"按钮上即可复制一个新的图层，或者先选择要复制的图层，按"Ctrl+J"快捷键即可。

3. 删除图层

在"图层"面板中，拖动要删除的图层到"删除图层"按钮 上即可。

4. 选择图层

在"图层"面板中，单击即可选中一个图层。若要选择连续的多个图层，在选择一个图层后，按住 Shift 键再单击另一个图层的图层名称，则两个图层之间的所有图层都被选中，如图 3-22 所示。若要选择不连续的多个图层，在选择一个图层后，按住 Ctrl 键再单击其他图层的图层名称即可，如图 3-23 所示。

图 3-22　选择多个连续图层

图 3-23　选择多个不连续图层

小技巧

默认情况下，新建图层位于当前图层上方，并自动成为当前图层。按住 Ctrl 键的同时单击"创建新图层"按钮 ，可以在当前图层下方创建新图层。

5. 调整图层的叠放顺序

对于一幅图像来说，叠于上方的图层将会挡住下方的图层，所以图层的叠放顺序决定着图像的显示效果。在"图层"面板中，拖动图层移动其位置，如图 3-24 所示，即可以调整图层的叠放顺序，调整结果如图 3-25 所示。

6. 图层锁定

图层锁定功能可以锁定图层的内容和范围，锁定图层后就不能再对其进行操作。如图 3-26 中，"背景"图层为锁定状态，要想对该图层进行编辑，可以双击 按钮进行解锁。

图 3-24 拖动调整图层叠放顺序　　　　　　　　　　　图 3-25 调整结果

7. 图层不透明度

图层不透明度直接影响图层的透明效果，透明度值越大，该图层的图像越清晰，透明度值越小，该图层的图像越模糊，如图 3-26 所示，将"图层 1"的不透明度设置为"60%"，此时观察图片可以看出人物与背景已经融合在一起形成一种淡入淡出的艺术效果。

图 3-26 不透明度效果

魔棒工具

三、魔棒工具

"魔棒工具" 是通过容差的大小来选择图像中颜色相似的区域。图像颜色越单一，选取的对象就会越精确。下面使用"魔棒工具"制作太阳花选区。"魔棒工具"不适合背景复杂且颜色杂乱的图像选择。

具体操作方法如下：

（1）双击工作区，打开如图 3-27 所示的"太阳花 .jpg"素材图片。

（2）双击背景图层，将"背景图层"解锁，由于有些花瓣接近背景色，需要调小容差，因此，单击工具箱的"魔棒工具" ，在选项栏将容差设为 8，在图像白色背景处单击，制作背景选区，如图 3-28 所示。

图 3-27 "太阳花 .jpg"素材图片　　　　　　　　图 3-28 选区效果

（3）由于白色背景选区不完整，单击选项栏的"添加到选区"按钮 ，在太阳花中间连续单击背景，则将单击处的选区添加到原选区里，使背景选区更完整，如图 3-29 所示。

（4）执行"选择"→"反向"命令，反选选区，则制作出"太阳花"选区，完成抠选"太阳花"的操作，效果如图 3-30 所示。

图 3-29　加选区效果

图 3-30　"太阳花"选区

贴心提示

使用魔棒工具时，可以按住 Shift 键或者 Alt 键进行加选区和减选区操作。

四、变形文字

Photoshop 提供了非常丰富的文字格式化功能，利用变形文字可以制作出丰富多彩的文字变形效果。选择要变形的文字图层，执行"类型"→"文字变形"命令或单击工具选项栏的"创建文字变形"按钮 ，在弹出的"变形文字"对话框中选择需要的样式，即可对文字进行变形。

变形文字

具体操作方法如下：

（1）在打开的如图 3-31 所示的文字效果图片上选择文字图层。

图 3-31　文字效果及"图层"面板

（2）单击工具选项栏的"创建文字变形"按钮 ，弹出"变形文字"对话框，参数设置如图 3-32 所示，单击"确定"按钮，变形效果如图 3-33 所示。

图 3-32 "变形文字"对话框

图 3-33 变形文字效果

公益广告设计

任务 2 公益广告设计

"广告"是指通过一定的媒体，向一定的人，传达一定的信息，以期达到一定目的的有责任的信息传播活动。公益广告是广告的一种类型，是指不以盈利为目的而为社会公众切身利益和社会风尚服务的广告。它具有社会的效益性、主题的现实性和表现的号召性三个特点，尺寸没有要求，根据实际情况来确定。

制作技巧

现"佳美"视觉广告设计公司参加环保类公益广告设计活动，需要设计一款有关绿色环保的公益广告。

本作品以绿色为主题，收集了有关地球、树木的素材，想向观众表达环境与人和平相处，杜绝地球开发过度的思想。根据广告主题要求灵活使用"魔棒工具"抠选出所需素材，再灵活使用"图层混合模式"及"图层样式"进行图像处理，制作装饰背景，最后添加渐变文字效果，如图 3-34 所示。

图 3-34 公益广告设计

制作步骤

（1）执行"文件"→"新建"命令，打开"新建"对话框，设置名称为"梦想"，宽度为"1024 像素"，高度为"512 像素"，分辨率为"150 像素 / 英寸"，其他参数默认，如图 3-35 所示。

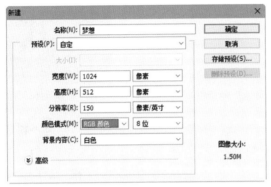

图 3-35　"新建"对话框

（2）单击"确定"按钮，新建空白图像文件。选择"渐变工具" ，单击工具选项栏的"径向渐变"按钮 ，然后单击"点按可编辑渐变"按钮 ，打开"渐变编辑器"窗口，设置色标的颜色从左到右依次是 RGB(185,233,17) 和 RGB(17,99,10)，如图 3-36 所示。

（3）单击"确定"按钮，在图像编辑窗口的左上角位置拖动鼠标至右下角处，绘制一条直线，填充径向渐变，效果如图 3-37 所示。

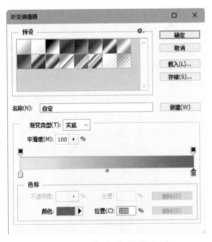

图 3-36　"渐变编辑器"窗口

图 3-37　填充径向渐变效果

（4）执行"滤镜"→"杂色"→"添加杂色"命令，打开"添加杂色"对话框，设置数量为"10%"，分布为"平均分布"，勾选"单色"复选框，如图 3-38 所示。

（5）单击"确定"按钮，为画布添加杂色，效果如图 3-39 所示。

图 3-38　"添加杂色"对话框

图 3-39　添加杂色效果

（6）打开"气泡 .jpg"素材图片，如图 3-40 所示，使用"移动工具" 将素材图片拖曳至图像窗口中，此时自动生成"图层 1"图层，水平翻转后按"Ctrl+T"快捷键调整素材图片的大小与画布一样，按 Enter 键确认调整，如图 3-41 所示。

图 3-40　"气泡 .jpg"素材图片

图 3-41　调整效果

（7）在"图层"面板中设置"图层 1"不透明度为 50%，图层混合模式为"正片叠底"，效果如图 3-42 所示。

（8）打开"地球 .jpg"素材图片，如图 3-43 所示。选择"魔棒工具" ，单击白色背景，选取白色选区，按"Shift+Ctrl+I"组合键反选，制作地球选区。

图 3-42　正片叠底效果

图 3-43　"地球 .jpg"素材图片

（9）使用"移动工具" 将素材图片拖曳至图像窗口中，此时自动生成"图层 2"图层，按"Ctrl+T"快捷键调整置入图像的大小和位置并旋转 90°，按 Enter 键确认，效果如图 3-44 所示。

（10）选中"图层2"，单击"图层"面板下方的"添加图层样式"按钮 fx，在弹出的命令列表中选择"描边"选项，弹出"图层样式-描边"对话框，参数设置如图3-45所示。

图3-44　置入图像效果

图3-45　"图层样式-描边"对话框

（11）勾选对话框左侧"样式"栏中的"外发光"复选框，设置图素组"扩展"为10%，"大小"为136像素，如图3-46所示。

（12）单击"确定"按钮，效果如图3-47所示。打开"树.jpg"素材图片，如图3-48所示。

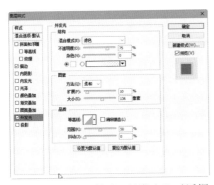

图3-46　"图层样式-外发光"对话框

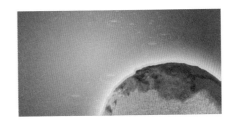

图3-47　图层样式效果

（13）使用"魔棒工具" 选取白色背景，执行"选择"→"修改"→"扩展"命令，打开"扩展选区"对话框，设置"扩展量"为5像素，如图3-49所示。

图3-48　"树.jpg"素材图片

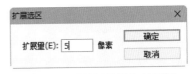

图3-49　"扩展选区"对话框

（14）单击"确定"按钮，按"Shift+Ctrl+I"组合键反选，制作"树"选区。使用"移动工具" 将其拖曳至图像窗口中，得到"图层3"，按"Ctrl+T"快捷键调整素材图像的大小和位置，按Enter键确认调整，效果如图3-50所示。

（15）按 Ctrl 键，单击"图层 3"的图层缩览图，载入"树"选区，执行"图层"→"新建调整图层"→"曲线"命令，弹出"曲线"面板，向上调整曲线，将图像调亮，如图 3-51 所示。

图 3-50　置入图像效果

图 3-51　调亮图片

（16）打开"结 .jpg"素材图片，使用"移动工具" 将其拖曳至图像窗口，得到"图层 4"，将其移至"背景"图层上方，并设置混合模式为"滤色"，效果如图 3-52 所示。

（17）打开"蝴蝶 .jpg"素材图片，使用"魔棒工具" 选取白色背景选区，执行"选择"→"反向"命令，制作蝴蝶选区，使用"移动工具" 将其拖曳至图像窗口中，执行"编辑"→"自由变换"命令，调整素材图像的大小和位置，单击工具选项栏"提交变换"按钮 确认调整，复制蝴蝶，再次调整大小和位置，效果如图 3-53 所示。

图 3-52　混合模式效果

图 3-53　添加蝴蝶效果

（18）打开"梦想 .png"素材图片，如图 3-54 所示，使用"移动工具" 将其拖曳至图像窗口中，按"Ctrl+T"快捷键调整素材图像的大小和位置，使用"模糊工具" 在人物周围涂抹，使其与背景融合，效果如图 3-55 所示。

图 3-54　"梦想 .png"素材图片

图 3-55　添加人物效果

（19）选择"横排文字工具" ，在工具选项栏设置字体为"隶书"，字体大小为"36点"，颜色为"白色"，输入文字"环境与人类共存 开发与保护同步"，如图 3-56 所示。

图 3-56　输入文字

（20）将文字栅格化，载入文字选区，使用"渐变工具"，设置"由绿色到白色"线性渐变，在文字上垂直填充，取消选区，效果如图 3-34 所示。

（21）执行"文件"→"存储"命令，将制作的图像存储为"公益广告 .psd"文件。

知识链接

渐变工具

一、渐变工具

"渐变工具" 可以给图像或图像中的选区填充两种以上颜色过渡的混合色。这个混合色可以是前景色与背景色的过渡，也可以是其他各种颜色间的过渡。

具体操作方法如下：

（1）按"Ctrl+N"快捷键新建空白画布，绘制需要填充渐变效果的选区，如果没有选区，则是对整个画布填充渐变色。这里，选择"矩形选框工具"绘制矩形选区。

（2）单击工具箱内的"渐变工具"按钮，在工具选项栏单击"点按可编辑渐变"按钮后的下三角按钮，弹出如图 3-57 所示的"渐变拾色器"面板，选择一种渐变色，如果没有满意的，直接单击"点按可编辑渐变"按钮，打开如图 3-58 所示的"渐变编辑器"窗口，在此，可以对渐变颜色进行重新编辑，以得到自己需要的渐变色。

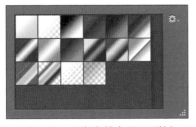

图 3-57　"渐变拾色器"面板

图 3-58　"渐变编辑器"窗口

（3）单击"预设"栏中的渐变样式缩略图，选中一种样式；在"色带"的上方单击，可以添加一个不透明度色标按钮；在"色带"的下方单击，可以添加一个颜色色标按钮，如图 3-59 所示。

（4）在"色带"中有三个及三个以上颜色色标按钮或不透明度色标按钮时，将鼠标光标移动到色标按钮上，按下鼠标左键向上或向下拖曳，即可删除该按钮；在相邻两种颜色色标或不透明度色标之间可由"中间标志"◇设置分界线。其位置可通过拖曳鼠标或输入位置参数来设置。

（5）单击颜色色标，再单击"颜色"按钮，可弹出如图 3-60 所示的"拾色器（色标颜色）"对话框，在此可以设置色标的颜色。

图 3-59　增加一个色标　　　　　　　图 3-60　"拾色器（色标颜色）"对话框

（6）单击不透明度色标，在下方"不透明度"框中可以设置其不透明度，设置完成后，单击"确定"按钮。

（7）在工具选项栏渐变方式按钮组 中选择一种，在选区内按住鼠标左键拖曳，画出一条两端带加号的渐变线，就可以给画布中的选区填充渐变色，如图 3-61 所示。

　　线性渐变　　　　　径向渐变　　　　　角度渐变　　　　　对称渐变　　　　　菱形渐变

图 3-61　填充渐变色

二、图层混合模式

前面已经介绍过颜色混合模式，这里将介绍剩余的混合模式。

1. 滤色与正片叠底

对于图像，通过设置"滤色"混合模式来快速将曝光不足的图像修正为合适的光感，若一次修复效果不明显，可以重复调整图像。这是修正图片曝光不足的一种基本手段。而通过设置"正片叠底"混合模式来调整图像的曝光效果，这是修正曝光过度的一种基本手段。

具体操作方法如下：

（1）双击工作区，在弹出的"打开"对话框中打开"夕阳.jpg"素材图片，如图 3-62 所示，可以看出这是一张曝光不足的图片。

（2）按"Ctrl+J"快捷键复制背景生成"图层 1"，此时"图层"面板如图 3-63 所示。

图 3-62 "夕阳.jpg"素材图片

图 3-63 "图层"面板

（3）在"图层"面板中将"图层 1"的混合模式设置为"滤色"，如图 3-64 所示，此时观察图片可以看出图片的曝光不足问题被解决了，效果如图 3-65 所示。

图 3-64 修改图层混合模式

图 3-65 "滤色"效果

（4）双击工作区，在弹出的"打开"对话框中打开"女孩 1.jpg"素材图片，如图 3-66 所示，可以看出这是一张曝光过度的图片。

（5）按"Ctrl+J"快捷键复制背景生成"图层 1"，此时"图层"面板如图 3-67 所示。

图 3-66 "女孩 1.jpg"素材图片

图 3-67 "图层"面板

（6）在"图层"面板上将"图层 1"的混合模式设置为"正片叠底"，如图 3-68 所示，此时观察图片可以看出图片的曝光过度问题被解决了，效果如图 3-69 所示。

图 3-68　修改图层混合模式

图 3-69　"正片叠底"效果

2. 光源叠加、差值特异与颜色

光源叠加类型的混合模式包括叠加、柔光、强光、亮光、线性光、点光及实色混合 7 种。对于图像，通过设置光源叠加类型的混合模式可以为图片添加不同的光感效果。

而差值特异类型的混合模式包括差值、减去、排除和划分 4 种。对于图像，通过设置差值特异类型的混合模式可以为图片添加一些特殊的视觉效果。

颜色类型的混合模式包括色相、饱和度、颜色和明度 4 种。对于图像，通过设置颜色类型的混合模式可以对图片的颜色进行混合，为图片添加颜色融合过渡的视觉效果，如图 3-74 所示。

具体操作方法如下：

（1）双击工作区，在弹出的"打开"对话框中依次打开"情谊 .jpg"素材图片，如图 3-70 所示，"光 .jpg"素材图片，如图 3-71 所示。

图 3-70　"情谊 .jpg"素材图片

图 3-71　"光 .jpg"素材图片

（2）使用"移动工具" 将"光 .jpg"素材图片拖到"情谊 .jpg"素材图片上，并按"Ctrl+T"快捷键调出变换框，调整"光 .jpg"素材图片的大小和位置，此时"图层"面板如图 3-72 所示。

（3）在"图层"面板上将"图层 1"的混合模式设置为"叠加"，如图 3-73 所示，此时观察图片可以看出图片被添加了一种艺术光感效果，如图 3-74 所示。

图 3-72 "图层"面板   图 3-73 修改图层混合模式   图 3-74 "叠加"效果

（4）双击工作区，在弹出的"打开"对话框中打开"玫瑰.jpg"素材图片，如图 3-75 所示。

（5）按"Ctrl+J"快捷键复制背景生成"图层 1"，此时"图层"面板如图 3-76 所示。

（6）在"图层"面板上将"图层 1"的混合模式设置为"排除"，如图 3-77 所示，此时观察图片可以看出图片具有特殊的反转胶片效果，如图 3-78 所示。

图 3-75 "玫瑰.jpg"素材图片   图 3-76 "图层"面板   图 3-77 修改图层混合模式

（7）双击工作区，在弹出的"打开"对话框中打开"小孩.jpg"素材图片，如图 3-79 所示。

（8）选择"画笔工具"，将前景色设置为"红色"，新建"图层 1"，使用"画笔工具"在人物服装上进行涂抹，如图 3-80 所示。

图 3-78 "排除"效果   图 3-79 "小孩.jpg"素材图片   图 3-80 涂抹人物服装

（9）在"图层"面板上将"图层 1"的"混合模式"设置为"颜色"，如图 3-81 所示，此时观察图片可以看出人物的衣服颜色已经被自然地进行了更改，如图 3-82 所示。

图 3-81　修改图层混合模式

图 3-82　"颜色"效果

项目总结

　　本项目以海报设计和公益广告设计为主线，介绍了 Photoshop 在墙面广告设计和制作中的应用。Photoshop 被人类称为"选择的艺术"，选区工具及图层在广告设计中占有非常重要的地位，相关人员要熟练掌握其使用技巧。渐变不仅可以完成多种色彩的渐变，还能应用于蒙版，灵活巧妙地应用它可以为广告作品增色。

项目 2　支架广告设计

项目描述

　　"佳美图文"是一家大型的印刷出版公司，承接各种印刷品设计及输出工作。作为平面设计人员，常常要完成公司承接的各类会展产品及宣传资料的设计与制作工作，因此要会使用 Photoshop 进行精确抠图，灵活掌握图层及蒙版的使用技巧，且能运用调色工具和滤镜进行创意设计工作。

项目分析

　　支架类广告经常用于各种会议、展览会、展销会等活动中。支架类广告是一种用作广告宣传的、背部具有支架的展览展示用品。它是宣传促销产品的利器，是根据产品的特点，设计的与之匹配的产品促销展架，并加上具有创意的 Logo 标牌，使产品醒目地展现在公众面前，从而加大对产品的宣传力度。

　　本项目就以会议常见的展板及易拉宝为例进行介绍，这类作品首先根据内容收集素材，然后进行创意设计，即根据设计要求将要传达的内容体现出来。

本项目可以分为以下 2 个任务：

任务 1　展板设计

任务 2　易拉宝设计

任务 1　展板设计

展板设计

学校要举办一场关于"在学习中养成好的思想品德追求"的大型报告会，需要制作一个展板放在学校门口进行宣传教育。具体要求为主题鲜明，能吸引学生乃至家长驻足观看。

制作技巧

本作品面向学生，图片、文字等素材都应该色彩鲜艳，充满童趣。使用选区工具对素材进行再加工，再使用"图层样式"给图像和文字添加特殊效果，参考效果如图 3-83 所示。

图 3-83　展板设计参考效果

制作步骤

（1）制作背景。执行"文件"→"新建"命令，在弹出的"新建"对话框中进行如图 3-84 所示的参数设置。单击"确定"按钮，新建一个名为"展板"的文档。

图 3-84　"新建"对话框

（2）双击工作区，弹出"打开"对话框，打开名为"蓝天.jpg"的素材图片，使用"移动工具" ▶⊹将"蓝天.jpg"素材图片拖入文档作为背景，生成"图层1"，设置混合模式为"点光"，效果如图3-85所示。

（3）以同样的方法打开"草地1.jpg"素材图片，将其拖入新建文件中，生成"图层2"，按"Ctrl+T"快捷键调出变换框，调整"草地1.jpg"素材图片的大小和位置，效果如图3-86所示。

图 3-85　蓝天背景效果

图 3-86　合成草地 1

（4）打开"草地2.jpg"素材图片，将其拖入新建文件中，生成"图层3"，按"Ctrl+T"快捷键调出变换框，调整"草地2.jpg"素材图片的大小和位置，效果如图3-87所示。

（5）打开"野花.jpg"素材图片，将其拖入新建文件中，生成"图层4"，按"Ctrl+T"快捷键调出变换框，调整"野花.jpg"素材图片的大小和位置，效果如图3-88所示。

图 3-87　合成草地 2

图 3-88　合成野花

贴心提示

"展板"通常用于较正规的场合，如长时间展示指导性的规章制度、招生宣传等，或者光荣榜、名人名言等。制作时一般后面压 KT 板，前面覆盖亮膜。其尺寸可以根据实际场地的需求而灵活设定。常用的尺寸有：60cm×90cm、90cm×120cm 和120cm×150cm 等。

（6）制作白板及装饰。打开"白板.png"素材图片，将其拖放到文件中，按"Ctrl+T"快捷键调整其位置和大小，按 Enter 键确认图片的调整。

（7）选择"矩形选框工具" ⊡，移动鼠标在白板上拉曳出一个矩形选区，框选住全部文字，如图3-89所示。

（8）单击"缩放工具"按钮 🔍，在长颈鹿的腿部位置单击，将图片放大。然后单击工具选项栏上的"添加到选区"按钮 🔲，并设置羽化为"2px"。再次拖曳出矩形选区，一直重复此项操作，使叠加起来的选区尽可能地包含所有不需要显示的内容，如图 3-90 所示。

图 3-89　绘制矩形选区

图 3-90　添加到选区

（9）设置前景色为"白色"，按"Alt+Delete"快捷键为选区填充前景色，盖住原来底图上的字符，如图 3-91 所示。按"Ctrl+D"快捷键取消选区。

（10）打开"树叶 1.jpg"素材图片，使用"移动工具" ▶⊕ 将其拖入到文件中，按"Ctrl+T"快捷键调出变换框，调整素材图片的大小及位置，效果如图 3-92 所示。

图 3-91　选区填充白色

图 3-92　添加"树叶 1.jpg"素材图片

（11）打开"树叶 2.jpg"素材图片，使用"移动工具" ▶⊕ 将其拖入到文件中，按"Ctrl+T"快捷键调出变换框，调整素材图片的大小及位置，效果如图 3-93 所示。

（12）添加文案。选择"横排文字工具"，在白板中绘制文本框，打开"展板内容"文档，复制标题并粘贴到文本框中，设置字体为红色，华文隶书，大小为 200 点，描黄色边，效果如图 3-94 所示。

图 3-93　添加"树叶 2.jpg"素材图片

图 3-94　添加标题

（13）选择"横排文字工具"，在标题下方绘制文本框，复制内容并粘贴到文本框中，设置字体为"黑色，华文隶书"，大小为 100 点，行间距为 150，效果如图 3-83 所示。

（14）执行"文件"→"存储"命令，将制作的图像存储为"展板 .psd"文件。

知识链接

一、基本选区工具

在 Photoshop 中要对图像的局部进行编辑，首先要通过创建选区的方法将其选中。创建选区的方法非常灵活，可以根据选择对象的背景情况、颜色等特征来决定采用的工具和方法。这里将介绍 4 个选框工具，用于创建规则的矩形、椭圆、单行和单列选区。

矩形选框工具

1. 矩形选框工具

"矩形选框工具"用于创建矩形或正方形选区。选择"矩形选框工具"，移动鼠标到绘图区域，此时鼠标指针呈十字形状，单击并拖曳鼠标即可绘制出矩形选区。若按住 Shift 键的同时拖动鼠标，可以创建正方形选区；若按住"Alt+Shift"键的同时拖动鼠标，可以创建以起点为中心的正方形选区。

具体操作方法如下：

（1）双击工作区，在弹出的"打开"对话框中打开"相框 .jpg"素材图片，如图 3-95 所示。

图 3-95　"相框 .jpg"素材图片

（2）按"Ctrl+J"快捷键复制背景图层，生成"背景副本"图层。

（3）使用"矩形选框工具"绘制如图 3-96 所示的矩形选区。

图 3-96　绘制选区

贴心提示

创建选区之后，选区的边界会出现蚁行线，表示选区的范围。此时，可以对选区内的对象进行各种操作，而选区以外的图像丝毫不受影响。

（4）按 Delete 键将选区内容删除，单击背景层的"指示图层可见性"按钮 👁 关闭其显示，效果如图 3-97 所示。

（5）按"Ctrl+D"快捷键取消选区。按"Ctrl+O"快捷键打开"打开"对话框，在此打开如图 3-98 所示的"儿童 .jpg"素材图片。

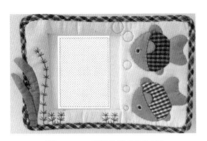

图 3-97　删除选区内容

图 3-98　"儿童 .jpg"素材图片

（6）使用"矩形选框工具" 绘制如图 3-99 所示的矩形选区。

（7）使用"移动工具" 拖动选区图片至相框文件中，生成"图层 2"图层，如图 3-100 所示。

图 3-99　绘制矩形选区

图 3-100　移动选区图像

（8）将"图层 2"移至"图层 1"图层下方,选择"图层 2",执行"编辑"→"自由变换"命令调出变换框，调整图片大小和位置，按 Enter 键确认变换，效果如图 3-101 所示。

图 3-101　调整图像

椭圆选框工具

2. 椭圆选框工具

"椭圆选框工具"用于创建椭圆或正圆选区。选择"椭圆选框工具" ⃝，移动鼠标到绘图区域，此时鼠标指针呈十字形状，单击并拖曳鼠标即可绘制出椭圆选区。若按住 Shift 键的同时拖动鼠标，可以创建正圆选区；若按住"Alt+Shift"组合键的同时拖动鼠标，可以创建以起点为中心的圆形选区。

具体操作方法如下：

（1）打开两张素材图片，如图 3-102 所示。

（2）选择"椭圆选框工具" ⃝，在工具选项栏设置羽化值为"30"，绘制如图 3-103 所示的选区。

图 3-102　素材图片

图 3-103　绘制选区

贴心提示

创建选区时，可通过修改"羽化"后面的数值来定义边缘晕开的程度，数值越大，晕开的程度就越大。

（3）使用"移动工具" ⊕拖动选区图片至背景文件中，生成"图层 1"图层，效果如图 3-104 所示。按"Ctrl+T"快捷键调出变换框，调整图片大小和位置，按 Enter 键确认变换，效果如图 3-105 所示。

图 3-104　移动选区图片

图 3-105　调整效果

3. 单行和单列选框工具

"单行选框工具" ▭和"单列选框工具" ▯用于创建 1 个像素高度或宽度的选区，在选区内填充颜色即可得到水平或者垂直直线。

二、编辑选区

选区和图像一样，可以进行移动、旋转、缩放等操作，以调整选区的位置和形状，最终得到所需的选择区域，如图 3-106 所示。

编辑选区

图 3-106　编辑选区

1．移动选区

用于改变选区的位置。使用"移动工具"▶┿移动光标到选择区域内，当光标变形为▶╳形状时拖动，即可移动选区。

2．取消选区

执行"选择"→"取消选择"命令或按"Ctrl+D"快捷键即可取消所有已创建的选区。

3．反选和重选

执行"选择"→"反向"命令或按"Ctrl+Shift+I"快捷键，可以反选当前的选区，即取消当前已选择的区域，选择未选择的区域；当取消选区后，可执行"选择"→"重新选择"命令或按"Ctrl+Shift+D"快捷键即可恢复最近一次的选择区域。

4．变换选区

创建选区后，执行"选择"→"变换选区"命令，在选区的周围会出现 8 个控制点，移动光标到变换框内，可以通过拖动鼠标移动选区；移动光标到变换框的边框上时，变成双向箭头，此时可以通过拖动鼠标完成选区的缩放，此时旁边会提示缩放的尺寸；移动光标到变换框外围时，可以通过拖动鼠标对选区进行旋转操作，此时旁边会显示旋转的角度，变换选区效果如图 3-107 所示。

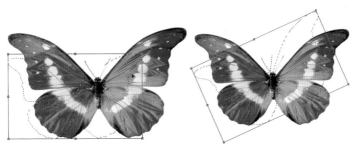

图 3-107　选区的缩放与旋转

小技巧

要选择整幅图像，可使用"Ctrl+A"快捷键。创建选区之后，可按 Shift 键进行加选，按 Alt 键进行减选。

5. 修改选区

大多数情况下，创建选区时很难一次达到理想的范围，需要进行多次的选择。单击选区工具选项栏的"添加到选区"按扭可以增加选区，单击"从选区减去"按钮可以削减选区。

图 3-108 所示为选区相加效果，图 3-109 所示为选区相减效果，图 3-110 所示为选区交叉效果。

图 3-108　选区相加　　　　图 3-109　选区相减　　　　图 3-110　选区交叉

文字格式化

三、文字格式化

Photoshop 提供了非常丰富的文字格式化功能，这些功能主要通过"字符"面板和"段落"面板来实现。通过这两个面板可以快速调整出变化多样及美观的文字排版效果。要想灵活、准确地运用文字，就必须掌握文字的属性的设置。

1. "字符"面板

"字符"面板的功能主要是设置文字的字体、大小、字型、颜色以及字间距或行间距等。选中文字，单击选项栏中的"切换字符和段落面板"按钮，或者执行"窗口"→"字符"命令，即可打开"字符"面板，如图 3-111 所示。

图 3-111　"字符"面板

其中各项功能介绍如下所述。

设置字体系列 DilleniaUPC ▾：设置文字使用的字体。

设置字体样式 Regular ▾：设置文字使用的字体样式。字型有：常规、加粗、斜体等。但并不是所有字体都具有这些字型。

设置字体大小 🔠 60 点 ▾：设置文字的字体大小。

设置行距 🔣 25.83 点 ▾：设置两行文字之间的距离。

设置两个字符间的字距微调 🔤 0 ▾：设置两个字间的字间距微调量，用鼠标单击两个字之间，正值使字间距增大，负值使字间距减小。

设置所选字符的字距调整 🔤 380 ▾：设置所选字符的字间距，正值使所选字符的字间距增大，负值使所选字符的字间距减小。

设置所选字符的比例间距 🔤 0% ▾：设置所选字符间距的比例，百分比越大，字符的间距就越小，反之，间距就越大。

垂直缩放 🔠 100%：设置文字的高度。

水平缩放 🔠 100%：设置文字的宽度。

设置基线偏移 🔤 0 点：用来设置基线的偏移程度，正值使选中的字符上移，形成上标；负值使选中的字符下移，形成下标。

设置文本颜色 颜色：▬▬▬：在打开的"拾色器"对话框中改变所选文字的颜色。

文本按钮组 **T** *T* TT Tr T¹ T₁ T̲ T̶：从左向右依次为仿粗体、仿斜体、全部大写字母、小型大写字母、上标、下标、下划线、删除线按钮。

2. "段落"面板

"段落"面板的功能主要是设置文字的对齐方式以及缩进量。选中文字，单击文字工具选项栏中的"切换字符和段落面板"按钮 🔲，或者执行"窗口"→"段落"命令，即可打开"段落"面板，如图 3-112 所示。

图 3-112　"段落"面板

其中各项功能介绍如下所述。

当文本横排列时，文本按钮组 ▤ ▤ ▤ ▤ ▤ ▤ ▤ 功能从左向右依次为左对齐文本、居中对齐文本、右对齐文本、最后一行左对齐、最后一行居中对齐、最后一行右对齐、全部对齐。

当文本直排列时，文本按钮组▦ ▥ ▦ ▦功能从左向右依次为顶对齐文本、居中文本、底对齐文本、最后一行顶边对齐、最后一行居中对齐、最后一行底边对齐、全部对齐。

左缩进 ▸▤ 0点 ：设置段落文字左侧缩进量。

右缩进 ▤◂ 0点 ：设置段落文字右侧缩进量。

首行缩进 ▸▤ 0点 ：设置段落首行的缩进量。

段落前添加空格 ▸▤ 0点 ：设置每段文本与前一段文本的距离。

段落后添加空格 ▤◂ 0点 ：设置每段文本与后一段文本的距离。

易拉宝设计

任务 2　易拉宝设计

易拉宝多用于商场、酒店等大堂处进行广告宣传，因其易于收放及存储，受到越来越多商家的欢迎。易拉宝常用材质一般为铝合金和塑钢两种，因支架规格所限，易拉宝常用尺寸只有 60cm×160cm 和 80cm×180cm 两种。制作过程一般是将画面打印到写真纸（背胶）上，再把它平展地粘到软胶片上。

制作技巧

为丰富校园文化生活，活跃学生第三课堂，学院社团要搞一次招新活动，需要设计制作一个易拉宝。设计要求为易拉宝要充满青春活力，给人们一种积极向上、乐观活泼的感觉。使用选区工具对素材进行再加工，再使用"图层样式"给图像和文字添加特殊效果，参考效果如图 3-113 所示。

图 3-113　易拉宝设计参考效果

制作步骤

（1）执行"文件"→"新建"命令，在弹出的"新建"对话框中设置参数，如图
3-114所示。

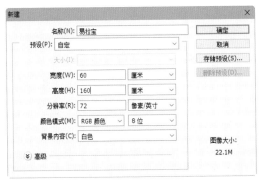

图3-114 "新建"对话框

（2）单击"确定"按钮，新建空白画布。执行"视图"→"新建参考线"命令，打开"新
建参考线"对话框，创建3厘米水平参考线，如图3-115所示。以同样的方法依次创建80
厘米、157厘米2条水平参考线和3厘米、57厘米2条垂直参考线，效果如图3-116所示。

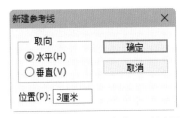

图3-115 "新建参考线"对话框   图3-116 参考线效果

（3）使用"矩形选框工具"沿参考线绘制矩形选区，选择"渐变工具" ，在工
具选项栏上单击"点按可编辑渐变"按钮 ，打开"渐变编辑器"窗口，如图
3-117所示。

（4）双击颜色条左侧的黑色色标，设置颜色值为RGB(28,86,188)，以同样的方法设
置右侧白色色标的颜色值为RGB(180,233,243)，更改色值后的"渐变编辑器"如图3-118
所示。

（5）从上向下拖动鼠标，绘制一条直线，释放鼠标，填充由蓝色到浅蓝的线性渐变，
按"Ctrl+J"快捷键复制选区内容生成"图层1"，即得到一个渐变的背景，如图3-119所示。

（6）打开"背景.pas"素材图片，使用移动工具 分别将左右图层内容移至矩形两
侧，并调整其大小和位置，按"Ctrl+E"快捷键合并左侧和右侧图像所在图层，效果如
图3-120所示。

图 3-117　"渐变编辑器"窗口

图 3-118　更改色值后的"渐变编辑器"

图 3-119　渐变效果

图 3-120　添加背景素材

（7）打开"城市"素材图片，使用魔棒工具抠选高楼，移至矩形上方，生成"图层 2"，效果如图 3-121 所示。按 Ctrl 键单击图层缩略图载入该图片选区，填充土黄色，并调整其大小和位置，将"图层 1"移至"图层 2"下方，对素材创建剪贴蒙版，效果如图 3-122 所示。

图 3-121　添加素材

图 3-122　城市剪影效果

（8）新建图层，使用"钢笔工具"沿矩形绘制路径，使用添加锚点工具调整曲线，按"Ctrl+Enter"快捷键转换为选区，填充淡黄色，效果如图 3-123 所示。

（9）打开"人物 2"素材图片，使用魔棒工具 抠选人物剪影后移至矩形，填充淡黄色，效果如图 3-124 所示。

图 3-123　添加形状　　　　　　　　　图 3-124　添加人物剪影效果

（10）依次添加"平台""锻炼自我""小字""快加入"等事先做好的文案，效果如图 3-125 所示。

（11）打开"人物 1"素材图片，使用"快速选择工具" 抠选人物剪影并移至矩形下方，并调整其大小和位置，填充淡蓝色，效果如图 3-126 所示。

图 3-125　添加文案　　　　　　　　　图 3-126　添加人物剪影效果

（12）打开"招新标题"素材，提取图形添加到画布中，并调整其大小和位置，至此，这款"招新"易拉宝的设计制作就完成了，最终效果如图 3-113 所示。

项目总结

本项目以展板设计和易拉宝设计为主线，介绍了 Photoshop 在支架类广告设计领域中的应用。图像合成在这类作品设计中占有重要地位，因此，素材的收集及精确抠图要做到最好。只有多加练习，才能制作出精美作品。

项目3　包装设计

项目描述

包装是产品的延伸，是顾客消费的重要组成部分，它不仅是艺术创造活动，也是一种市场营销活动。商品的包装就和广告一样，是沟通企业和消费者的直接桥梁，是一个极为重要的宣传媒介。这里以糖果和书籍为例介绍产品的包装设计方法。

项目分析

产品包装外形的醒目程度直接影响消费者的视觉感受，良好的包装可以直接刺激消费者的视觉，增加产品的吸引力，激起消费者购买商品的欲望。因此，在进行包装设计时，外形设计和版式设计非常重要，要多使用图像效果处理和图形绘制技术，并使用羽化滤镜等制作朦胧虚化效果。

本项目分为以下 2 个任务：

任务 1　糖果包装设计

任务 2　书籍装帧设计

糖果包装设计

任务 1　糖果包装设计

"喜事连连"是一家食品有限公司，生产各种糖果、罐头、点心等。公司最近开发出一款用于婚庆的口味非常好的喜糖，公司广告设计部门要为这款产品设计塑料包装袋。设计要求为产品包装外形醒目，能直接影响消费者的视觉感受，激起消费者的购买欲望。

制作技巧

本产品面向婚庆喜事消费者群体，其图片、文字等素材应该带有喜庆、欢乐的气氛，色彩要以红色为主色。选取素材，进行图像合成、图像处理及图形制作，多使用羽化制作朦胧效果，最后制作包装的立体效果，参考效果如图 3-127 所示。

图 3-127　糖果包装设计参考效果

制作步骤

（1）执行"文件"→"新建"命令，弹出的"新建"对话框，设置宽度为"9.5 厘米"，高度为"5.5 厘米"，分辨率为"150 像素 / 英寸"，如图 3-128 所示，单击"确定"按钮，新建一个名为"包装设计"的文档。

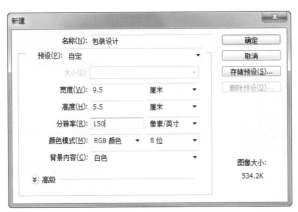

图 3-128　"新建"对话框

（2）执行"视图"→"新建参考线"命令，打开"新建参考线"对话框，依次设置 1.5cm 和 4cm 两条水平参考线，和 2cm、2.8cm、6.7cm 和 7.5cm 四条垂直参考线，效果如图 3-129 所示。

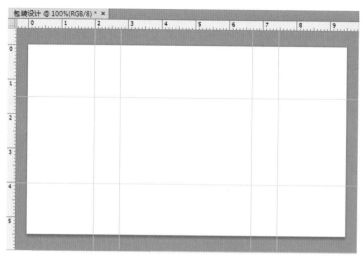

图 3-129　添加参考线

![贴心提示图标] **贴心提示**

　　包装是产品的延伸，是一种市场营销活动，其效果同广告。无论何种包装，都是有尺寸限制的。在食品行业，单颗糖果的塑料包装袋的尺寸是 5.5cm×2.5cm，其中两侧的齿形压边为 0.8cm

　　（3）选择"矩形选框工具" ![图标]，绘制如图 3-130 所示的矩形选区。选择"渐变工具" ![图标]，单击工具选项栏"径向渐变"按钮![图标]，然后单击"点按可编辑渐变"按钮![图标]，打开"渐变编辑器"窗口，在颜色条设置左边色块颜色为 RGB(202,0,0)，右边色块颜色为 RGB(104,19,5)，如图 3-131 所示。

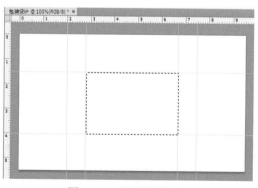

图 3-130　绘制矩形选区

图 3-131　"渐变编辑器"窗口

　　（4）单击"确定"按钮，在图像窗口中间向右下绘制一条直线，填充径向渐变颜色，效果如图 3-132 所示。

（5）按"Ctrl+D"快捷键取消选区。执行"文件"→"打开"命令，打开"喜庆 .jpg"素材图片，选择"魔棒工具" ，单击工具选项栏的"添加到选区"按钮 ，然后单击素材图片的白色区域，制作选区，执行"选择"→"反向"命令，制作花环选区，如图 3-133 所示。

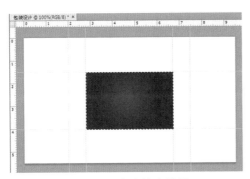

图 3-132　渐变填充效果

图 3-133　花环选区效果

（6）选择"移动工具" ，将选区移至图像窗口，按"Ctrl+T"快捷键调出变换框，调整花环的大小和位置，按 Enter 键确认变换，效果如图 3-134 所示。

（7）选择"横排文字工具" ，在工具选项栏设置字体为"华文琥珀"，大小为"14px"，颜色为"黑色"，单击花环中央，输入"囍"字，并添加 1px 的黄色描边，调整花环与文字图层的顺序，效果如图 3-135 所示。

图 3-134　调整素材大小位置效果

图 3-135　输入文字效果

（8）选择"横排文字工具" ，在工具选项栏设置字体为"叶根友刀锋"，大小为"8px"，颜色为"黄色"，单击图像窗口正上方，输入"甜甜蜜蜜"，单击工具选项栏的"创建文字变形"按钮 ，打开"变形文字"对话框，参数设置如图 3-136 所示，单击"确定"按钮，给变形文字添加外发光效果，如图 3-137 所示。

（9）执行"文件"→"打开"命令，打开素材图片"花边 .jpg"，选择"魔棒工具" ，单击黄色，制作花边图形选区，如图 3-138 所示。

（10）选择"移动工具" ，将选区移至图像窗口，按"Ctrl+T"快捷键调出变换框，旋转 45 度并调整大小和位置，如图 3-139 所示。复制花边所在图层三次，通过执行"编辑"→"变换"→"水平翻转"命令和执行"编辑"→"变换"→"垂直翻转"命令，调整复制花边的方向，花边最终效果如图 3-140 所示。

图 3-136　"变形文字"对话框

图 3-137　文字外发光效果

图 3-138　制作花边选区

图 3-139　添加花边效果

（11）选择"椭圆选框工具" ，在图像窗口右下角绘制椭圆选区，填充白色，执行"滤镜"→"模糊"→"高斯模糊"命令，添加模糊效果。选择"横排文字工具" T，设置字体为"华文行楷"，大小为"6px"，颜色为"黑色"，单击白色区域，输入"美味榛仁"，如图 3-141 所示。

图 3-140　花边最终效果

图 3-141　绘制椭圆及输入文字

（12）制作齿形压边。新建"图层 3"，选择"矩形选框工具" ⬚，在图像窗口左边绘制如图 3-142 所示的选区。

（13）设置前景色为 RGB(104,19,5)，按"Alt+Delete"快捷键，为选区填充颜色，按"Ctrl+D"快捷键，取消选区，效果如图 3-143 所示。

（14）执行"滤镜"→"扭曲"→"波浪"命令，打开"波浪"对话框，设置生成器数为"6"，波长为"1～6"，波幅为"1～2"，如图 3-144 所示。

图 3-142　绘制矩形选区

图 3-143　填充矩形选区

（15）单击"确定"按钮，即可为图像添加波浪扭曲效果，如图 3-145 所示。

图 3-144　"波浪"对话框

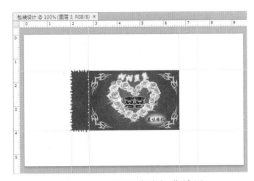

图 3-145　添加波浪扭曲效果

（16）选择"矩形选框工具"，绘制保留左外侧齿形且与正面同高的矩形选区，填充背景颜色，再次在左侧沿参考线绘制矩形选区，反选并删除，效果如图 3-146 所示。

（17）复制齿形并水平翻转移至正面右侧，得到两边对称效果。新建图层，将图像放大，选择"矩形选框工具"，在左侧绘制长条矩形选区并填充黑色，连续复制两次黑条，制作压边。合并压边图层，复制并移至右侧，效果如图 3-147 所示。

图 3-146　左侧齿形效果

图 3-147　两侧压边效果

（18）按"Ctrl+S"快捷键保存制作好的正面包装，隐藏背景图层，执行"图层"→"合并可见图层"命令，合并除背景层以外的图层。将图层名称改为"正面包装"。

（19）单击背景图层，选择"渐变工具"，单击工具选项栏"线性渐变"按钮，并单击"点按可编辑渐变"按钮，打开"渐变编辑器"窗口，在颜色条设置左边色块颜色为 RGB(112,0,0)，右边色块颜色为白色，如图 3-148 所示。在背景图层上由上到下填充暗红色到白色的线性渐变。

图 3-148　设置渐变色

（20）选择"正面包装"图层，执行"编辑"→"变换"→"变形"命令，调出变形控制框，如图 3-149 所示。在图像窗口中调整控制框各节点的位置，缩放图像并移至合适的位置，单击工具选项栏的"提交变换"按钮✔，进行变形确认，效果如图 3-150 所示。

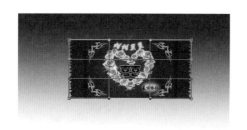

图 3-149　调出变形控制框　　　　　　　　　　图 3-150　图像变形效果

（21）新建"图层 1"，选择"椭圆选框工具" ⬭，在包装纸下方绘制椭圆选区，填充"黑色"，添加"高斯模糊"滤镜效果，如图 3-151 所示。

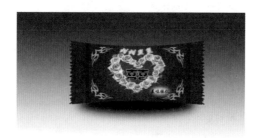

图 3-151　高斯模糊效果

（22）新建"图层 2"，为该图层添加剪贴蒙版，设置前景色为白色，使用柔角画笔工具，其不透明度为 30%，在包装袋的上下位置进行涂抹，制作光晕，产生立体效果，如图 3-127 所示。

（23）按"Ctrl+S"快捷键保存制作好的"包装设计"文件。

图像的变换

知识链接

图像的变换

图像也可以像选区一样通过变换和自由变换进行改变大小、位置及变形的操作。下面主要介绍自由变换。

自由变换是通过执行"编辑"→"自由变换"命令或者按"Ctrl+T"快捷键来任意地改变图像位置、大小和角度。

具体操作方法如下：

（1）打开两张图片，"图层"面板如图 3-152 所示。选择"图层 1"，执行"编辑"→"自由变换"命令或按"Ctrl+T"快捷键，此时调出变换图像控制框。

（2）将鼠标置于控制点上，当光标变为 ↗ 时，按住鼠标进行拖动，可以对图像进行缩放操作；当光标变为 ↱ 时，按住鼠标进行拖动，可以对图像进行旋转操作，如图 3-153 所示。

图 3-152　"图层"面板

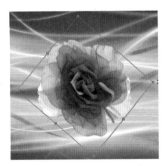

图 3-153　旋转缩放图像

（3）完成操作后，可以按 Enter 键完成自由变换操作，按 Esc 键取消变换操作。

（4）也可以选择"图层 1"，通过执行"编辑"→"变换"子菜单的各菜单项，完成对图像的翻转、旋转、斜切、缩放、扭曲和透视等操作，如图 3-154 所示。

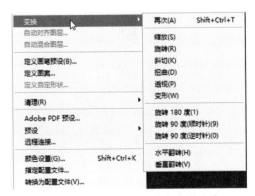

图 3-154　变换子菜单的各菜单命令

（5）选择"斜切"命令，调整控制点，效果如图 3-155 所示，选择"扭曲"命令，调整控制点，效果如图 3-156 所示

图 3-155　斜切效果

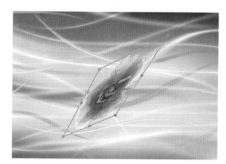
图 3-156　扭曲效果

书籍装帧设计

任务 2　书籍装帧设计

书籍装帧是书籍从原稿到成书的生产过程中的整体设计工作。它包含的内容很多，包括有选择纸张，确定开本、字体、字号，设计版式，决定装订方法以及印刷和制作方法等。书籍装帧的包装对象是成书，多用于各出版社出版书籍时的包装设计。

制作技巧

某出版社需要为散文集《竹轩集》设计封面包装，要求成品开本为大 32 开，尺寸为 203mm×140mm，书脊厚度为 15mm。

本书是一本书香气及文学气很浓的散文集，主题是竹子，所以以淡绿色为主色调并添加一些竹子图片，使画面和谐统一，以增强本书的艺术性，参考效果如图 3-157 所示。

图 3-157　书籍装帧设计参考效果

制作步骤

（1）执行"文件"→"新建"命令，弹出"新建"对话框，设置宽度为"295毫米"，高度为"203毫米"，分辨率为"150像素/英寸"，如图3-158所示，单击"确定"按钮，新建一个名为"书籍包装"的图像文件。

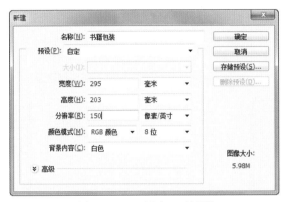

图 3-158　"新建"对话框

贴心提示

宽度是封面和封底的宽度，为140mm×2，再加上书脊厚度15mm，总宽度为140mm×2+15mm=295mm，这是成品尺寸。

（2）执行"编辑"→"首选项"→"单位与标尺"命令，将标尺的单位改为"毫米"。

（3）执行"视图"→"标尺"命令，打开标尺，选择"移动工具"，从水平标尺处分别拖出两条水平参考线，位置依次是3mm和200mm，然后从垂直标尺处依次拖出5条垂直参考线，位置依次是3mm、50mm、140mm、155mm和292mm，如图3-159所示。

图 3-159　参考线效果

贴心提示

　　画布四周边缘各留出 3mm 的出血，中间的 15mm 宽参考线为书脊位置。印刷术语"出血"是指加大产品外图案的尺寸，在裁切位加一些图案的延伸，其作用主要是避免裁切后的成品露白边或裁到内容，做到色彩完全覆盖到要表达的地方。印出来并裁切掉的部分就称为印刷出血。常用的出血标准尺寸为 3mm，即沿实际尺寸加大 3mm 的边。

　　（4）新建"图层 1"，选择"矩形选框工具" ⬚，绘制如图 3-160 所示的选区。

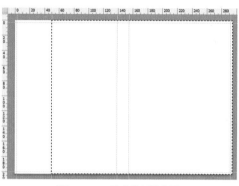

图 3-160　绘制矩形选区

　　（5）设置前景色为 RGB(51,193,183)，按"Alt+Delete"快捷键填充前景色，效果如图 3-161 所示。

　　（6）执行"滤镜"→"杂色"→"添加杂色"命令，打开"添加杂色"对话框，设置数量为"9%"，分布为"平均分布"，如图 3-162 所示，单击"确定"按钮，添加杂色效果。

图 3-161　填充前景色

图 3-162　"添加杂色"对话框

　　（7）新建"图层 2"，选择"矩形选框工具" ⬚，绘制如图 3-163 所示的选区，选择"渐变工具" ▬，单击工具选项栏的"渐变填充"按钮 ▬，单击"点按可编辑渐变"按钮 ▬▭，打开"渐变编辑器"窗口，设置左侧色标颜色为 RGB(51,147,130)，右侧色标颜色为白色，如图 3-164 所示。

图 3-163　绘制矩形选区

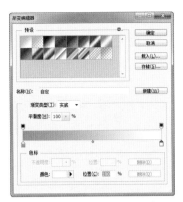

图 3-164　"渐变编辑器"窗口

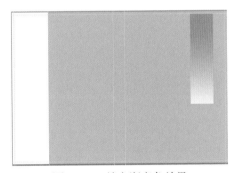

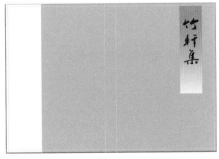

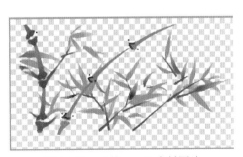

（8）单击"确定"按钮，在选区由上到下绘制直线，填充渐变色，按"Ctrl+D"快捷键取消选区，效果如图 3-165 所示。

（9）执行"文件"→"打开"命令，打开"竹轩集 .psd"素材图片，如图 3-166 所示，使用"移动工具" 将素材文字拖曳至渐变矩形上，生成"图层 3"。执行"编辑"→"自由变换"命令，调出变换框，调整文字大小和位置，按 Enter 键确认变换，效果如图 3-167 所示。

图 3-165　填充渐变色效果

图 3-166　"竹轩集 .psd"素材图片

（10）执行"文件"→"打开"命令，打开"竹 .png"素材图片，如图 3-168 所示，使用"移动工具" 将素材图片移至图像窗口，生成"图层 4"。执行"编辑"→"自由变换"命令，调出变换框，调整文字大小和位置，按 Enter 键确认变换，效果如图 3-169 所示。

图 3-167　添加文字素材效果

图 3-168　"竹 .png"素材图片

（11）新建"图层 5"，选择"矩形选框工具" ，绘制如图 3-170 所示的选区，制作书脊。设置前景色为 RGB(51,147,130)，按"Alt+Delete"快捷键填充前景色，按"Ctrl+D"快捷键取消选区，效果如图 3-171 所示。

图 3-169　添加素材图片效果

图 3-170　绘制书脊矩形选区

（12）新建"图层 6"，选择"矩形选框工具" ，在书脊处绘制如图 3-172 所示的选区，设置前景色为黑色，按"Alt+Delete"快捷键填充前景色，按"Ctrl+D"快捷键取消选区，效果如图 3-173 所示。

图 3-171　填充前景色效果

图 3-172　绘制矩形选区

（13）设置前景色为 RGB(51,147,130)，选择"画笔工具" ，在工具选项栏单击"点按可打开'画笔预设'选取器"按钮 ，弹出"画笔预设"选取器，设置画笔笔尖为大小"60 像素"的柔角，如图 3-174 所示。

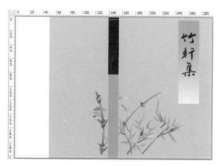
图 3-173　填充黑色

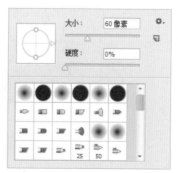
图 3-174　"画笔预设"选取器

（14）在书脊黑色矩形上单击，绘制笔尖形状，使用"移动工具" ⊾⊕将素材文字移至书脊处，生成"图层 7"。

（15）按 Ctrl 键，单击"图层 7"图层缩览图，载入文字素材的选区，填充白色。

（16）执行"编辑"→"自由变换"命令，调出变换框，调整文字大小和位置，按 Enter 键确认变换，效果如图 3-175 所示。

（17）设置前景色为白色，选择"画笔工具" ✎，在工具选项栏调整画笔笔尖大小及透明度，在图像窗口随机单击，添加若干个光点，效果如图 3-176 所示。

图 3-175　书脊上部效果

图 3-176　添加若干光点

（18）执行"文件"→"打开"命令，打开"章 .psd"素材图片，如图 3-177 所示，使用"移动工具" ⊾⊕将素材图片移至图像窗口白色区域，生成"图层 8"。执行"编辑"→"自由变换"命令，调出变换框，调整文字大小和位置，按 Enter 键确认变换，效果如图 3-178 所示。

图 3-177　"章 .psd"素材图片

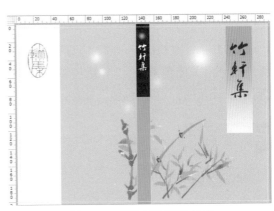

图 3-178　添加素材图片效果

（19）选择"直排文字工具" ⅠT，在工具选项栏上设置字体为"黑体"，大小为"24 点"，颜色为"黑色"，输入作者名字和出版社名称，效果如图 3-179 所示。

（20）分别复制作者及出版社图层，使用"移动工具" ⊾⊕将复制的文字移至书脊处，选择"直排文字工具" ⅠT，在工具选项栏上设置颜色为"白色"，效果如图 3-180 所示。

图 3-179　输入作者名字和出版社名称

图 3-180　输入书脊文字

（21）选择"横排文字工具" T，在工具选项栏上设置字体为"黑体"，大小为"24 点"，颜色为"白色"，在图像窗口左侧右上角输入书名的拼音，效果如图 3-181 所示。

（22）打开"条码 .jpg"素材图片，使用"移动工具"将条码移至封底下方，调整其大小和位置，为书籍添加条码，效果如图 3-182 所示。

图 3-181　输入书名拼音

图 3-182　添加条码

（23）执行"视图"→"标尺"命令，关闭标尺，执行"视图"→"显示"→"参考线"命令，关闭参考线，"书籍包装"文件最终效果如图 3-157 所示。按"Ctrl+S"快捷键保存制作好的"书籍包装"文件。

知识链接

书籍装帧

书是人类表达思想、传播知识、积累文化的物质载体，而装帧艺术则是这个物质载体的结构和形态的设计。书籍装帧艺术是随着书籍的出现而逐步发展起来的。学习书籍装帧设计，需要掌握封面艺术、字体艺术、版面艺术、材料和印刷装订技术等综合知识。

1. 书籍装帧的含义

书籍装帧是指构成图书的整体，即开本、字体、封面、书脊、封底、环衬、扉页、版面、插图以及纸张、印刷、装订等的全部工艺活动。

书籍装帧设计是书的内容与形式的整体体现。鲜明而有个性的设计风格、整体而有序的设计形式和寓意深刻的设计内涵是书籍装帧设计成功的必要条件。在书的装帧设计中要考虑到其主题性、创意性、装饰性和可读性，需要在印刷之前深思熟虑地提出设计方案。

2. 书籍装帧的封面设计

封面设计在一本书的整体设计中具有举足轻重的地位，是书籍装帧设计艺术的门面。它是通过艺术形象设计的形式来反映书籍的内容。在当今琳琅满目的书海中，书籍的封面起了一个无声的推销员的作用，它的好坏将在一定程度上影响人们的购买欲。封面设计的优劣对书籍的形象有着非常重大的意义。

封面设计一般包括书名、编著者名、出版社名等文字，以及体现书的内容、性质、体裁的装饰形象、色彩和构图。图形、色彩和文字是封面设计的三要素。设计者就是根据书的不同性质、用途和读者对象，把这三者有机结合起来，从而表现出书籍的丰富内涵，以传递信息并以一种美感的形式呈现给读者。

项目总结

本项目以糖果包装设计和书籍装帧设计为主线，介绍了 Photoshop 在包装类设计领域中的应用。包装是顾客消费的重要组成部分，它不仅是艺术创造活动，也是一种市场营销活动。商品的包装及书籍装帧同广告一样，是沟通企业和消费者的直接桥梁，也是一种重要的宣传媒介。良好的包装能增加产品的吸引力，是产品不可或缺的一部分。

单元自测

1. 地球日即将到了，为配合"请爱护我们的家园"地球环保宣传活动，需要设计一份公益广告，参考效果如图 3-183 所示。

图 3-183　公益广告参考效果

2．毕业季到了，天泽集团要招聘总经理助理两名，需要一个招聘展架，要求尺寸为 60cm×160cm，画面简洁、大方、温馨，参考效果如图 3-184 所示。

3．设计并制作教材《书籍封面设计》的封面，参考效果如图 3-185 所示。

图 3-184　展架参考效果

图 3-185　书籍封面参考效果

4．制作如图 3-186 所示的茶叶包装立体效果图。

图 3-186　茶叶包装立体效果

单元 4
移动 UI 设计

能力目标

1. 能设计各种风格的图标。
2. 能制作不同类型的功能控件。
3. 能进行不同的手机应用界面的设计。

知识目标

1. 掌握基本图形的绘制方法。
2. 掌握图形样式的添加方法。
3. 掌握滤镜的使用方法。

随着移动互联技术的飞速发展以及智能终端设备的层出不穷，人们接触的 App 软件越来越多，而支撑这些软件展示的正是 UI，作为设计领域领头羊，Photoshop 在移动 UI 设计上得到了广泛的应用，现在的图标设计、控件制作、手机界面的设计都离不开 Photoshop。我们常常用 Photoshop 设计最新推出的 App 应用图标、各种功能控件以及应用界面等。目前有关移动 UI 的岗位有图标设计师、App 应用界面设计师、App 应用推广师。

项目 1 UI 控件设计

项目描述

一个界面会为用户提供大量控件，使用户可以通过这些控件快速地完成一些操作或浏览信息。随着手机平台的发展，应用界面的设计要遵从视觉舒适和交互方便规则。因此，界面中的每一个控件的设计也要遵从这个规则。本项目要求使用 Photoshop 设计不同功能的控件，为手机界面设计做准备。

项目分析

手机界面上的控件由于功能不同有很多种，本项目就以常用的控件为例进行介绍，主要包括图标、切换器、滚动条以及搜索栏。其对设计人员的要求是会绘制各种几何图形，掌握路径的操作及灵活运用图层、蒙版、滤镜等技术。

本项目可以分为以下 4 个任务：

任务 1　图标设计

任务 2　切换器设计

任务 3　滚动条设计

任务 4　搜索栏设计

图标设计

任务 1　图标设计

图标是具有明确"指代"意义的图形，它在移动 UI 中占有非常重要的地位。一枚精美绝伦的图标可以轻易地吸引用户进行点击，所以，对于一款 App 软件来说，设计一枚漂亮的图标是绝对有必要的。这里要求使用 Photoshop 设计一款清新风格的扁平化相机图标。

制作技巧

首先，利用各种形状工具绘制相机外形，然后，结合各种"图层样式"将相机图标制作完整，参考效果如图 4-1 所示。

图 4-1　相机图标参考效果

制作步骤

（1）执行"文件"→"新建"命令，在弹出的"新建"对话框中设置画布"宽度"为 10.33 厘米，"高度"7.59 厘米，"分辨率"为 300 像素 / 英寸，背景为白色，如图 4-2 所示。

（2）单击"确定"按钮，新建白色空白画布。设置前景色为深紫色 RGB(58,35,65)，按"Alt+Delete"快捷键填充背景为深紫色。

（3）选择"圆角矩形工具" ▣ ，在画布中间绘制相机的大体形状，在"属性"面板中设置填充色为淡蓝色。

（4）按"Ctrl+J"快捷键复制圆角矩形，选择"圆角矩形工具" ，设置半径为50，在"属性"面板（图 4-3）单击"断开链接"按钮 ，设置右上角半径和右下角半径为 0。

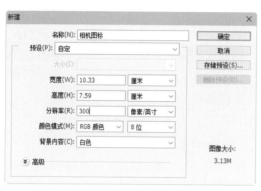

图 4-2 "新建"对话框

图 4-3 "属性"面板

（5）按"Ctrl+T"快捷键调出变换框，调整圆角矩形大小为左边的四分之一，在"属性"面板中设置填充色为深黄色到黄色的线性渐变，如图 4-4 所示。

（6）选择"圆角矩形工具" ，设置半径为20，在两个圆角矩形中间绘制一个黄色的圆角矩形作为快门，将其移至蓝色圆角矩形下方，效果如图 4-5 所示。

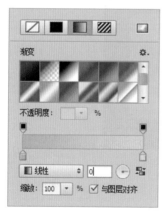

图 4-4 设置填充色

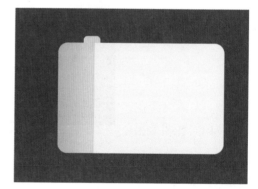

图 4-5 绘制快门

（7）选择"圆角矩形工具" ，在蓝色圆角矩形左上方绘制一个紫色的圆角矩形作为相机的小物件，使用"移动工具" 移至合适位置，效果如图 4-6 所示。

（8）选择"椭圆工具" ，按住 Shift 键，在蓝色圆角矩形中间绘制一个正圆作为相机镜头，在"属性"面板中设置填充色为淡紫色，效果如图 4-7 所示。

（9）按"Ctrl+J"快捷键复制淡紫色正圆，按"Ctrl+T"快捷键调出变换框，按住"Shift+Alt"快捷键，以圆心为中心调整大小，并为其添加"内发光"图层样式效果，如图 4-8 所示，效果如图 4-9 所示。

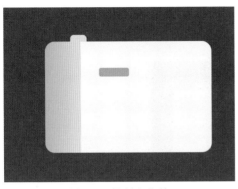

图 4-6　绘制小物件

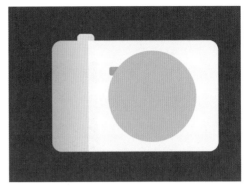

图 4-7　绘制镜头（淡紫色）

图 4-8　"内发光"图层样式

图 4-9　内镜头效果

（10）选择"椭圆工具" ，在选项栏中设置"填充"为紫色，"描边"为无，按住 Shift 键，在正圆中间绘制一个紫色的正圆，使用"移动工具" 在选项栏单击"水平居中"按钮 和"垂直居中"按钮 ，并为其添加"内发光"图层样式效果，效果如图 4-10 所示。

（11）继续选择"椭圆工具" ，按住 Shift 键，在正圆中间绘制一个深紫色的正圆，使用"移动工具" 在选项栏单击"水平居中"按钮 和"垂直居中"按钮 ，并添加"渐变叠加"图层样式效果，效果如图 4-11 所示。

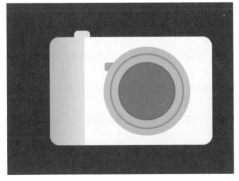

图 4-10　绘制正圆

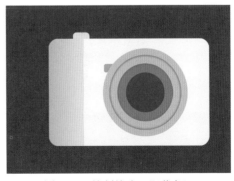

图 4-11　绘制镜头（深紫色）

（12）新建图层，选择"椭圆选框工具" ，在深紫色正圆的左上方绘制一个正圆选区，填充白色作为镜头闪光，如图 4-12 所示。

图 4-12　绘制镜头闪光

（13）按"Ctrl+Alt"键，使用"移动工具" 移动并复制白色正圆，将其移至深紫色正圆的右下方，设置其不透明度为 53%，最终效果如图 4-1 所示。

（14）执行"文件"→"存储"命令，在弹出的"存储为"对话框中以"相机图标 .psd"为文件名保存文件。

知识链接

图层样式的设置

一、图层样式的设置

图层样式是应用于图层的效果组合，用来更改当前图层的外观效果，常用来制作物体质感和特效艺术字。预设的图层样式有混合选项、斜面和浮雕、描边、内阴影、内发光、光泽、颜色叠加、渐变叠加、图案叠加、外发光、投影，如图 4-13 所示。以下主要介绍其中 8 种图层样式。

图 4-13　图层样式的设置

在"图层"面板中单击下方的"添加图层样式"按钮 ，在弹出的列表中选择添加的样式，如图 4-14 所示；或双击图层，打开如图 4-15 所示的"图层样式"对话框，可以设置图层样式。

图 4-14　图层样式列表

图 4-15　"图层样式"对话框

1. "投影"图层样式

"投影"图层样式是根据图像的边线应用阴影效果，设置类似漂浮在图像上的立体效果。为图层设置"投影"样式后，可根据设置参数的大小来表现不同风格的视觉效果。

具体操作方法如下：

（1）打开如图 4-16 所示的图片，利用"快速选择工具" 制作花朵选区，按"Ctrl+J"快捷键复制选区至新图层，按 Ctrl 键单击"图层 1"的图层缩览图，载入花朵选区，如图4-17 所示。

图 4-16　打开图片

图 4-17　载入选区

（2）单击"图层"面板下方的"添加图层样式"按钮 *fx*，在弹出的列表中选择"投影"命令，打开"图层样式"对话框，在"投影"选项中进行如图 4-18 所示的参数设置。

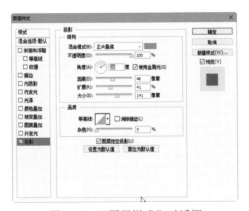

图 4-18　"图层样式"对话框

（3）单击"确定"按钮，在"图层"面板中可以看到"图层 1"右侧出现了"指示图层效果"按钮 fx▲，添加的图层样式显示在"图层 1"的下方，如图 4-19 所示，效果如图 4-20 所示。

图 4-19　添加了样式的"图层"面板

图 4-20　投影效果

贴心提示

图层样式可以进行复制。首先右击应用了图层样式的图层（如"图层 0"），在弹出的快捷菜单中选择"复制图层样式"选项，然后右击将要应用样式的图层（如"图层 1"），选择"粘贴图层样式"选项即可。

2. "斜面和浮雕"图层样式

"斜面和浮雕"图层样式可以为图像添加类似浮雕的立体效果，选择不同的浮雕样式将会产生不同的风格效果。

具体操作方法如下：

（1）对于上例花朵选区，单击"图层"面板下方的"添加图层样式"按钮 fx，在弹出的列表中选择"斜面和浮雕"命令，打开"图层样式"对话框，在"斜面和浮雕"选项中进行如图 4-21 所示的参数设置。

（2）单击"确定"按钮，在"图层"面板中可以看到"图层 1"右侧出现了"指示图层效果"按钮 fx▲，添加的图层样式显示在"图层 1"的下方，浮雕效果如图 4-22 所示。

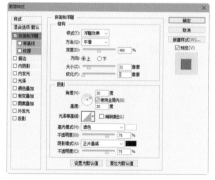

图 4-21　"图层样式"对话框

图 4-22　浮雕效果

3. "渐变叠加"图层样式

"渐变叠加"图层样式可以为图像添加多彩的颜色效果,让普通的图像具有艺术效果。具体操作方法如下:

(1)双击工作区,打开如图 4-23 所示的"光晕 .jpg"素材图片。按"Ctrl+J"快捷键复制背景图像生成"图层 1"。

(2)单击"图层"面板下方的"添加图层样式"按钮 *fx*,在弹出的列表中选择"渐变叠加"命令,打开"图层样式"对话框,在"渐变叠加"选项中进行如图 4-24 所示的参数设置。

图 4-23 "光晕 .jpg"素材图片

图 4-24 "图层样式"对话框

(3)单击"确定"按钮,在"图层"面板中可以看到"图层 1"右侧出现了"指示图层效果"按钮 *fx*,添加的图层样式显示在"图层 1"的下方,如图 4-25 所示,渐变叠加效果如图 4-26 所示。

图 4-25 "图层"面板

图 4-26 渐变叠加效果

4. "光泽"图层样式

"光泽"图层样式可以为图像添加光泽感,使图像效果更真实。

具体操作方法如下:

(1)双击工作区,打开如图 4-27 所示的"紫花 .jpg"素材图片。

(2)使用"魔棒工具" 单击白色背景区域,制作白色选区,执行"选择"→"反向"命令,制作花朵选区,如图 4-28 所示。

图 4-27　"紫花 .jpg"素材图片

图 4-28　制作花朵选区

（3）按"Ctrl+J"快捷键复制选区的花朵，生成"图层 1"，单击"图层"面板下方的"添加图层样式"按钮 **fx**，在弹出的列表中选择"光泽"命令，打开"图层样式"对话框，在"光泽"选项中进行如图 4-29 所示的参数设置。

（4）单击"确定"按钮，在"图层"面板中可以看到"图层 1"右侧出现了"指示图层效果"按钮 **fx▲**，添加的图层样式显示在"图层 1"的下方，光泽样式效果如图 4-30 所示。

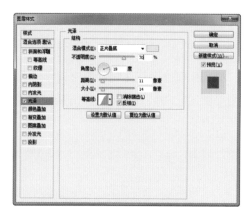

图 4-29　"图层样式"对话框

图 4-30　光泽样式效果

5. "颜色叠加"图层样式

"颜色叠加"图层样式可以改变图像的颜色和色调，使图像根据需求变换不同的视觉效果。

具体操作方法如下：

（1）双击工作区，打开如图 4-31 所示的"时尚 .jpg"素材图片。按"Ctrl+J"快捷键复制背景图片，生成"图层 1"，单击"图层"面板下方的"添加图层样式"按钮 **fx**，在弹出的列表中选择"颜色叠加"命令，打开"图层样式"对话框，在"颜色叠加"选项中进行如图 4-32 所示的参数设置。

（2）单击"确定"按钮，在"图层"面板中可以看到"图层 1"右侧出现了"指示图层效果"按钮 **fx▲**，添加的图层样式显示在"图层 1"的下方，颜色叠加效果如图 4-33 所示，图片被添加了红色调，有种印象派的感觉。

图 4-31　"时尚.jpg"素材图片　　　图 4-32　"图层样式"对话框　　　图 4-33　颜色叠加效果

6. "图案叠加"图层样式

"图案叠加"图层样式可以快速为图像叠加不同的图案效果，叠加的图案可以是 Photoshop 自带的，也可以是用户自定义的。

具体操作方法如下：

（1）双击工作区，打开如图 4-34 所示的"美丽.jpg"素材图片。使用"魔棒工具" 单击米色背景，生成背景选区，如图 4-35 所示。

图 4-34　"美丽.jpg"素材图片　　　　　　图 4-35　制作背景选区

（2）按"Ctrl+J"快捷键复制选区内容，生成"图层 1"，此时"图层"面板如图 4-36 所示。

（3）单击"图层"面板下方的"添加图层样式"按钮 **fx**，在弹出的列表中选择"图案叠加"命令，打开"图层样式"对话框，在"图案叠加"选项中进行如图 4-37 所示的参数设置。

图 4-36　"图层"面板　　　　　　图 4-37　"图层样式"对话框

（4）单击"确定"按钮，在"图层"面板中可以看到"图层 1"右侧出现了"指示图层效果"按钮 fx，添加的图层样式显示在"图层 1"的下方，如图 4-38 所示，图案叠加效果如图 4-39 所示，图片背景被添加了图案，产生了更加丰富的背景效果。

图 4-38　"图层"面板

图 4-39　图案叠加效果

7."外发光"图层样式

"外发光"图层样式可以为图像边缘添加朦胧发光的效果，使图像产生梦幻的感觉。
具体操作方法如下：

（1）按 Ctrl 键并单击蝴蝶所在图层的缩略图，载入蝴蝶选区，如图 4-40 所示。

（2）单击"图层"面板下方的"添加图层样式"按钮 fx，在弹出的列表中选择"外发光"命令，打开"图层样式"对话框，在"外发光"选项中进行如图 4-41 所示的参数设置。

（3）单击"确定"按钮，在"图层"面板中可以看到"图层 1"右侧出现了"指示图层效果"按钮 fx，添加的图层样式显示在"图层 1"的下方，外发光效果如图 4-42 所示。

图 4-40　载入蝴蝶选区

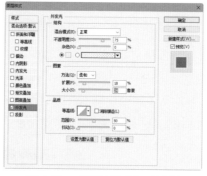

图 4-41　"图层样式"对话框

图 4-42　外发光效果

8."描边"图层样式

"描边"图层样式可以为图像边缘增加一层线条，通过设置不同的参数制作出风格迥异的描边效果。

具体操作方法如下：

（1）在蝴蝶选区已经制作好的前提下，单击"图层"面板下方的"添加图层样式"按钮 fx，在弹出的列表中选择"描边"命令，打开"图层样式"对话框，在"描边"选项中进行如图 4-43 所示的参数设置。

（2）单击"确定"按钮，在"图层"面板中可以看到"图层 1"右侧出现了"指示图层效果"按钮 *fx*，添加的图层样式显示在"图层 1"的下方，描边效果如图 4-44 所示。

图 4-43　"图层样式"对话框

图 4-44　描边效果

二、形状工具

形状工具

形状工具主要用于绘制路径或各种几何形状，它包括"矩形工具" ▢、"圆角矩形工具" ▢、"椭圆工具" ◯、"多边形工具" ⬡。

1. 矩形工具、圆角矩形工具和椭圆工具

"矩形工具""圆角矩形工具""椭圆工具"分别用来绘制矩形、圆角矩形和椭圆形的路径或形状图层。选择某一工具，按住 Shift 键的同时进行绘制，可以分别绘制出正方形、圆角正方形和圆形的路径或形状图层。单击选项栏的工具切换按钮右侧的下拉按钮▾，将打开所选工具的选项列表框，如图 4-45 所示为矩形工具的"矩形选项"面板。

2. 多边形工具

"多边形工具"主要用来绘制多边形或星形，由选项栏的"边"文本框来设置多边形的边数。单击选项栏的工具切换按钮右侧的下拉按钮▾，将打开该工具选项面板，如图 4-46 所示。

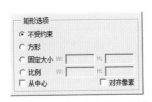

图 4-45　"矩形选项"面板

图 4-46　"多边形选项"面板

图 4-47 中各选项介绍如下：

（1）"平滑拐角"复选框："平滑拐角"复选框可以使绘制的多边形或星形顶角更加平滑，效果如图 4-47 所示。

（2）"星形"复选框：勾选用于设置并绘制星形，反之则绘制多边形。

（3）"缩进边依据"文本框：用于设置星形缩进边占总边长的百分比，比例越大星形的内缩效果越明显。该选项只有在"星形"复选框被选中时才有效。图 4-48、图 4-49 所示分别为"缩进边依据"为 30% 和 60% 的效果。

图 4-47　平滑拐角效果　　图 4-48　"缩进边依据"为 30% 的效果　　图 4-49　"缩进边依据"为 60% 的效果

（4）"平滑缩进"复选框：使星形缩进的顶角效果为圆角凹角。该选项也是在选中"星形"复选框时才有效。图 4-50、图 4-51 所示分别为"缩进边依据"为 30% 和 60% 的平滑缩进效果。

图 4-50　"缩进边依据"为 30% 的平滑缩进效果　　图 4-51　"缩进边依据"为 30% 的平滑缩进效果

切换器设计

任务 2　切换器设计

切换器在手机界面中经常用到，尤其是在设置界面中，当需要选择开通与否时，往往通过切换器按钮来实现。

制作技巧

对于切换器按钮，当为打开状态时，按钮高亮显示，当为关闭状态时，按钮为灰色。制作时充分运用形状工具绘制图形，通过"图层样式"添加外观显示效果，参考效果如图 4-52 所示。

图 4-52　切换器设计参考效果

制作步骤

（1）执行"文件"→"新建"命令，弹出"新建"对话框，设置"宽度"为 300 像素，"高度"为 300 像素，"分辨率"为 300 像素 / 英寸，如图 4-53 所示，单击"确定"按钮，新建空白画布。

（2）新建"图层 1"，使用"圆角矩形工具" 绘制图形，在选项栏设置"填充"为
RGB(238,238,238)，效果如图 4-54 所示。

（3）执行"图层"→"图层样式"→"描边"命令，设置"颜色"为 RGB(143,157,157)，
"大小"为 3 像素，效果如图 4-55 所示。

图 4-53 "新建"对话框   图 4-54 绘制图形   图 4-55 描边效果

（4）新建"图层 1"，选择"椭圆形工具" ，按 Shift 键在圆角矩形中绘制圆形，
如图 4-56 所示。

（5）执行"图层"→"图层样式"→"描边"命令，设置"颜色"为 RGB(143,157,157)，
"大小"为 3 像素，"不透明度"为 30%，效果如图 4-57 所示。

（6）执行"图层"→"图层样式"→"投影"命令，参数设置如图 4-58 所示，效果
如图 4-59 所示。

图 4-56 绘制圆形   图 4-57 描边效果   图 4-58 "投影"参数设置

（7）复制"圆角矩形 1"图层，按"右移"方向键移至画布右侧，在选项栏设置"填
充"为 RGB(76,216,100)，效果如图 4-60 所示。

图 4-59 投影效果   图 4-60 复制圆角矩形

（8）右击"圆角矩形 1 拷贝"图层，在弹出的快捷菜单中选择"清除图层样式"命令，
清除描边，效果如图 4-61 所示，此时，"图层"面板如图 4-62 所示。

图 4-61　去除描边

图 4-62　"图层"面板

（9）以同样的方法复制"椭圆 1"图层，按"右移"方向键移至画布右侧，并取消原图层样式，效果如图 4-63 所示。

（10）为复制的圆形添加"描边"图层样式，设置"大小"为 1 像素，颜色为 RGB(122,122,122)，再选择"投影"样式，设置"不透明度"为 20%，"距离"为 8，"大小"为 10，效果如图 4-64 所示。

图 4-63　复制圆形

图 4-64　添加图层样式

（11）新建"图层 1"，选择"矩形工具" ▣，在画布下方绘制图形，在选项栏设置"填充"为 RGB(35,35,35)，再次新建"图层 1"，使用"圆角矩形工具" ▣ 绘制图形，设置"填充"为 RGB(7,129,170)，效果如图 4-65 所示。

（12）执行"图层"→"图层样式"→"斜面和浮雕"命令，参数设置如图 4-66 所示。

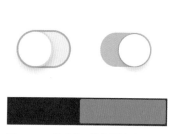

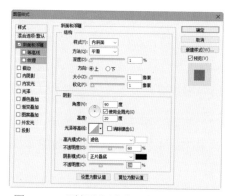

图 4-65　绘制矩形和圆角矩形

图 4-66　"斜面和浮雕"参数设置

（13）选择"外发光"选项，设置"颜色"为 RGB(7,129,170)，"不透明度"为 50%，"大小"为 1 像素，单击"确定"按钮，效果如图 4-67 所示。

（14）选择"横排文字工具" ▣，在选项栏设置"字体"为黑体，"大小"为 8 点，"颜色"为 RGB(193,193,193)，单击开关图形，输入文字"开"，如图 4-68 所示。

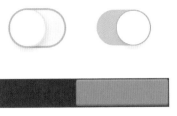

图 4-67　外发光效果　　　　　　　　　图 4-68　输入文字

（15）双击文本图层，打开"图层样式"对话框，勾选"内阴影"，设置"不透明度"为 27%，"角度"为 90°，"距离"和"大小"均为 1 像素，效果如图 4-69 所示。

图 4-69　内阴影效果

（16）以同样的方法，绘制同样大小的矩形切换器，并设置圆角矩形按钮的"颜色"为 RGB(83,83,83)，使用"横排文字工具"输入文字"关"，并添加内阴影效果。最终效果如图 4-52 所示。

（17）执行"文件"→"存储"命令，在弹出的"存储为"对话框中以"切换器 .psd"为文件名保存文件。

任务 3　滚动条设计

滚动条设计

在许多 App 中，需要使用滚动条在容许的范围内调整值或进程。滚动条由滑轨、滑块及可选的图片组成。可选图片向用户传达的是滚动条左、右两侧各代表什么，譬如，声音的大小、屏幕亮度的明暗等，滑块的值会在用户的拖曳下连续变化。

制作技巧

本任务是制作一个调整亮度的滚动条，其制作方法很简单，但在制作时要注意对齐图层，否则会让人觉得整个画面非常混乱，参考效果如图 4-70 所示。

图 4-70　滚动条设计参考效果

制作步骤

（1）执行"文件"→"新建"命令，弹出"新建"对话框，设置"宽度"为 750 像素，"高度"为 94 像素，"分辨率"为 300 像素／英寸，如图 4-71 所示，单击"确定"按钮，新建空白画布。

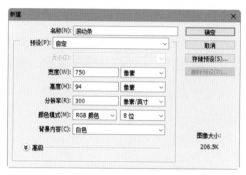

图 4-71　"新建"对话框

（2）新建"图层 1"，设置前景色为 RGB(125,2,1,129)，按"Alt+Delete"快捷键给画布填充前景色，设置图层的"不透明度"为 30%。

（3）新建"图层 2"，使用"圆角矩形工具" ▢ 绘制图形，在选项栏设置"填充"为 RGB(181,181,181)，添加投影效果，如图 4-72 所示。

图 4-72　填充前景色

（4）连续按两次"Ctrl+J"快捷键，复制两份圆角矩形，按"Ctrl+T"快捷键，依次调整图形大小，在选项栏设置"填充"为 RGB(137,137,137) 和黑色，"不透明度"均为 80%，效果如图 4-73 所示。

图 4-73　绘制两个圆角矩形

（5）新建"图层 1"，选择"椭圆形工具" ⬤，按 Shift 键绘制圆形，在选项栏设置"填充"为白色，如图 4-74 所示。

图 4-74　绘制圆形

（6）执行"图层"→"图层样式"→"投影"命令，设置"不透明度"为 20%，"角度"为 90°，"距离"为 3 像素，"大小"为 5 像素，效果如图 4-75 所示。

图 4-75　投影效果

（7）绘制亮度图标。新建"图层 2"，选择"椭圆形工具" ，按 Shift 键绘制圆形，在选项栏设置"填充"为黑色。使用"钢笔工具" 绘制光线，添加描边，设置"描边宽度"为 2 像素，如图 4-76 所示。

图 4-76　绘制亮度图标

（8）按 Ctrl 键依次单击"椭圆 2"图层和"形状"图层，按"Ctrl+E"快捷键合并选中图层，按"Ctrl+J"快捷键复制亮度图标，按右移键移至画布右侧，按"Ctrl+T"快捷键调整大小，效果如图 4-70 所示。

（9）执行"文件"→"存储"命令，在弹出的"存储为"对话框中以"滚动条 .psd"为文件名保存文件。

任务 4　搜索栏设计

搜索栏设计

在电话簿或微信、QQ 上可以通过搜索栏查找联系人，另外，在网页上，搜索栏可以对用户输入的关键字进行筛选从而获得信息。这里制作一个常用的搜索栏。

制作技巧

搜索栏的外观设计一般以圆角矩形为主，其制作方法很简单，搜索按钮默认情况下放在搜索栏左侧或中间，键盘在点击搜索栏后自动出现，另外，还要有清空按钮，用来清除搜索栏中的内容，制作时注意圆角的大小，参考效果如图 4-77 所示。

图 4-77　搜索栏设计参考效果

制作步骤

（1）执行"文件"→"新建"命令，弹出"新建"对话框，设置"宽度"为 700 像素，"高度"为 90 像素，"分辨率"为 300 像素 / 英寸，如图 4-78 所示，单击"确定"按钮，新建空白画布。

图 4-78　"新建"对话框

（2）选择"渐变工具"，单击工具选项栏的"点按可编辑渐变"按钮，打开"渐变编辑器"，设置颜色从 RGB(53,57,94) 到 RGB(87,79,95) 过渡，单击"确定"按钮，在画布从左上到右下拖曳出线性渐变效果。

（3）新建"图层 1"，选择"圆角矩形工具"，在选项栏设置"填充"为 RGB(97,106,144)，"圆角半径"为 29，在画布上绘制图形，再设置圆角矩形的"不透明度"为 30%，如图 4-79 所示。

图 4-79　绘制圆角矩形

（4）新建"图层 1"，选择"椭圆形工具"，按 Shift 键绘制圆形，在选项栏设置"描边"为白色，"描边宽度"为 2 像素，然后使用"直线工具"绘制直线，将图层的"不透明度"设置为 80%，效果如图 4-80 所示。

图 4-80　绘制搜索图形

（5）选择"椭圆形工具"，按 Shift 键绘制圆形，在选项栏设置"填充"为 RGB(246,246,246)，再设置"不透明度"为 60%，然后使用"直线工具"绘制直线，设置"填充"为 RGB(128,128,128)，效果如图 4-81 所示。

图 4-81　绘制取消图形

（6）选择"横排文字工具"，在选项栏设置"字体"为黑体，"大小"为 9，"颜色"为白色，输入文字，设置图层"不透明度"为 30%，效果如图 4-77 所示。

（7）执行"文件"→"存储"命令，在弹出的"存储为"对话框中以"搜索栏 .psd"为文件名保存文件。

UI 设计中手机界面的设计是重点,但手机界面又是由多个控件元素组成的,因此,设计好控件是进行界面设计的基础。控件除了上面介绍的 4 个外,还有状态栏、导航栏、工具栏、标签栏、选择栏等,控件的制作离不开形状工具的使用和图层的应用,因此,要学会灵活使用这些工具。

项目2 手机界面设计

手机用户界面是用户与手机系统、应用交互的窗口,手机界面的设计必须基于手机设备的物理特性和系统应用的特性。在设计界面时,要围绕产品本身和用户体验,只有将两者完美结合,才能打造出优秀的手机界面。

手机界面与用户是密切相关的,漂亮好用的界面可以给用户带来视觉上的享受和操作上的便利。手机界面设计分为手机操作系统界面设计和手机应用界面设计。在进行设计前要收集好素材,设计时灵活使用形状工具、图层技术以及滤镜技术。

本项目可分为以下 3 个任务:

任务 1　手机锁屏界面设计

任务 2　手机主题界面设计

任务 3　手机照片应用界面首页设计和内页设计

任务 1　手机锁屏界面设计

手机锁屏界面设计

界面中背景制作是通过使用渐变工具涂抹出来的效果,制作出简洁清爽的主题风格效果,并结合各种形状工具制作出手机的应用界面,以使用户体验到立体感,参考效果如图 4-82 所示。手机锁屏界面设计的重点是运用色调制作出高雅色系。

图 4-82　手机锁屏界面设计参考效果

制作步骤

（1）执行"文件"→"新建"命令,在弹出的"新建"对话框中设置"宽度"为 540 像素,"高度"为 960 像素,"分辨率"为 300 像素 / 英寸,"背景"为白色, 如图 4-83 所示。

（2）单击"确定"按钮，新建空白画布。使用"渐变工具"，在"渐变编辑器"中设置渐变为从橙黄色到亮黄色,如图 4-84 所示。在选项栏设置模式为线性,取消勾选"反向"复选框，在画布上自上往下拉出渐变效果，如图 4-85 所示。

图 4-83　"新建"对话框

图 4-84　渐变编辑器

（3）绘制星星形状。选择"多边形工具"，在选项栏设置边数为"5"，单击界面,弹出"创建多边形"对话框，设置宽、高均为 800 像素，缩进为 50%，勾选"平滑拐角"和"星形"复选框,在界面中间绘制一个红色星星形状,按"Ctrl+T"快捷键调整星星大小,如图 4-86 所示。

（4）制作星星立体效果。为星星添加"斜面与浮雕""内发光"图层样式，继续添加"颜色叠加""渐变叠加"图层样式，为星星添加立体效果，如图 4-87 所示。

图 4-85　填充渐变色

图 4-86　绘制星星

图 4-87　星星立体效果

（5）加深星星轮廓。新建图层，按 Ctrl 键并单击星星的图层缩略图，载入星星选区，设置前景色为橘红色 RGB(227,76,1)，按"Alt+Delete"快捷键填充选区为橘红色，按"Ctrl+D"快捷键取消选区，效果如图 4-88 所示。

（6）加强立体效果。设置"图层混合模式"为叠加，添加图层蒙版，使用"画笔工具" 涂抹擦除多余颜色，制作星星的立体效果，如图 4-89 所示。

（7）添加纹理效果。使用"矩形选框工具" 在星星下方绘制矩形选区，填充橘红色并取消选区。按"Ctrl+J"快捷键连续复制矩形 28 份，使用"移动工具"将最后一份移至星星上方，按 Shift 键并单击"图层 3"，选中所有矩形所在图层，在选项栏中单击"水平居中分布"按钮，均匀分布矩形，按"Ctrl+E"快捷键合并矩形图层，载入星星选区，创建蒙版，隐藏多余矩形，设置"图层混合模式"为叠加，降低不透明度，调整纹理效果，如图 4-90 所示。

图 4-88　填充橘红色

图 4-89　加强立体效果

图 4-90　添加纹理效果

（8）在"图层 1"上方新建一个图层，选择"椭圆选框工具" ，按"Shift+Alt"键在星星外围绘制一个正圆选区，使用"渐变工具"填充橘黄色到亮黄色的线性渐变，取消选区，如图 4-91 所示。

（9）新建图层，使用"椭圆选框工具" 在星星左上角绘制一个小的椭圆选区，填充白色，按"Ctrl+T"旋转 45 度，添加"高斯模糊"滤镜效果，如图 4-92 所示。

（10）按"Ctrl+J"快捷键复制正圆，并将其移至"图层"面板顶部，载入选区，填充白色。添加图层蒙版，选择"渐变工具"，在选项栏设置"径向""反向"，在"渐变编辑器"中设置渐变为白色到透明，在白色正圆上填充渐变色。为其添加"投影"效果，如图 4-93 所示。

图 4-91　绘制正圆

图 4-92　添加高光效果

图 4-93　添加投影效果

（11）绘制标题栏。新建图层，使用"矩形选框工具" 在界面上方绘制矩形选区，填充白色，使用"横排文字工具"输入时间，并居中，使用"圆角矩形工具"在右侧绘制黑色圆角矩形，使用"自定形状工具"在左侧绘制黑色地球形状，如图 4-94 所示。

（12）使用"横排文字工具"在星星上方输入时间和日期。选中星星所在图层，选择"移动工具"，按 Ctrl 键移动复制星星至背景底部，按"Ctrl+T"快捷键调整星星大小，如图 4-95 所示。

图 4-94　绘制标题栏

图 4-95　添加时间和日期

（13）选择"自定形状工具"，在"形状"面板中选择"箭头 2"，在小星星的上方绘制黑色箭头，按"Ctrl+T"快捷键调出变换框，右击，在弹出的快捷菜单中选择"顺时针 90 度"命令，选择 90 度，在"图层"面板中设置填充白色，并加宽放大，按"Ctrl+Alt"键，使用"移动工具"连续复制 2 份，并垂直均匀分布，按"Ctrl+T"快捷键调整箭头大小，分别设置三个箭头的不透明度。

（14）使用"横排文字工具"在小星星下方输入"滑开解锁"。使用"椭圆选框工具"在文字下方绘制椭圆选区并填充黑色，添加"高斯模糊"滤镜效果。最后给小星星添加"投影"效果，效果如图 4-82 所示。

（15）执行"文件"→"存储"命令，在弹出的"存储为"对话框中以"手机锁屏界面 .psd"为文件名保存文件。

知识链接

自定形状工具

自定形状工具

"自定形状工具" 可以用来绘制 Photoshop 预设的路径或形状图层。

具体操作方法如下：

（1）在工具箱单击"自定形状工具"，在工具选项栏单击"形状"选项右侧的下拉按钮，打开预设的"自定形状"选项面板，如图 4-96 所示。

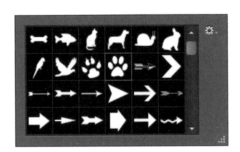

图 4-96 "自定形状"选项面板

（2）在面板中选取需要的图形，在画布中拖曳鼠标，即可绘制相应的图形，如图 4-97 所示。

图 4-97 绘制图形

（3）单击该面板右侧的按钮，将弹出下拉菜单，在此可以设置、选择或添加所需的形状。这里选择"全部"，在弹出的"提示框"中单击"追加"按钮，打开"自定形状"选项面板，将显示全部的形状，如图 4-98 所示。

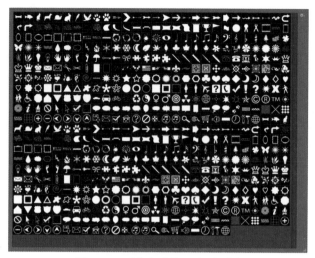

图 4-98　"自定形状"选项面板

手机主题
界面设计

任务 2　手机主题界面设计

　　手机主题界面是用户根据个人喜好，下载一些个人比较喜欢的主题程序，而设置的手机待机图片、屏幕保护以及图标按钮等。

制作技巧

　　对于手机主题界面，背景制作是通过使用椭圆工具绘制出圆点效果来完成可爱的主题效果制作，并结合各种形状工具制作出手机显示界面的应用图标，参考效果如图 4-99 所示。

图 4-99　手机主题界面设计参考效果

制作步骤

（1）执行"文件"→"新建"命令，在弹出的"新建"对话框中设置"宽度"为 540 像素，"高度"为 960 像素，"分辨率"为 300 像素 / 英寸，"背景"为白色，如图 4-100 所示。

（2）单击"确定"按钮，新建空白画布。设置前景色为粉红色 RGB(245,171,172)，按"Alt+Delete"快捷键填充背景为粉红色。

（3）新建图层，使用"椭圆选框工具" 在画布上绘制一个椭圆选区并填充深粉色 RGB(243,133,134)，将其定义为"画笔预设"。

（4）选择"画笔工具" ，打开预设的画笔，调整画笔"形状动态"参数。使用画笔工具在背景上随机绘制小椭圆，用以丰富背景效果，如图 4-101 所示。

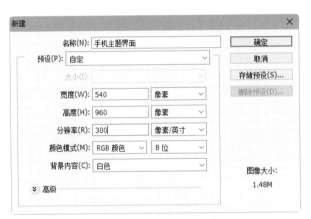

图 4-100　"新建"对话框

图 4-101　丰富背景

（5）制作立体卡通眼睛。新建图层，使用"椭圆选框工具" 在背景上绘制椭圆选区。选择"渐变工具" ，在选项栏设置渐变色为粉红色到白色，模式为径向渐变，在选区内拉出渐变效果，制作立体眼球。

（6）加强眼睛立体效果。为立体眼球添加"内阴影"和"光泽"图层样式，效果如图 4-102 所示。

（7）绘制眼球。使用"椭圆选框工具" 绘制眼球选区，填充深灰色，添加"高斯模糊"滤镜效果。

（8）制作眼球投影效果。新建图层，使用"椭圆选框工具" 在图层 1 下方绘制椭圆选区，填充黑色，添加"高斯模糊"滤镜效果，如图 4-103 所示。

（9）复制眼睛。按 Shift 键，选择眼睛和眼球所在图层，按"Ctrl+T"快捷键调整眼睛的大小，并移至背景左侧。按"Ctrl+Alt"快捷键并使用"移动工具" 复制眼睛，执行水平翻转命令，并将其置于背景右侧合适位置，如图 4-104 所示。

（10）制作嘴巴。新建图层，使用"钢笔工具" 在眼睛下方绘制嘴巴，按"Ctrl+Enter"快捷键转换为选区，填充黑色。为嘴巴添加"斜面与浮雕"和"阴影"等图层样式，增加嘴巴厚度，如图 4-105 所示。

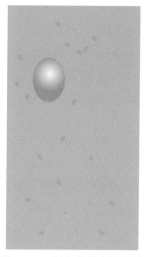

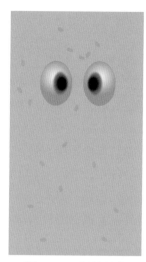

图 4-102　制作立体卡通眼睛　　　　图 4-103　制作眼球效果　　　　图 4-104　复制眼睛

（11）绘制牙齿。新建图层，选择"矩形选框工具"，在嘴巴上方绘制矩形选区并填充白色作为牙齿，使用"移动工具"移动牙齿到嘴唇处，右击，选择"变形"命令，调整牙齿边缘吻合嘴唇边缘，添加"斜面与浮雕"图层样式，增加立体效果。

（12）新建图层，选择"矩形选框工具"，绘制另一颗牙齿，使用"移动工具"移至适当位置，右击，选择"变形"命令，调整牙齿边缘吻合嘴唇边缘，添加"斜面与浮雕"图层样式，丰富牙齿形状，如图 4-106 所示。

（13）绘制舌头。新建图层，使用"钢笔工具"在嘴巴下方绘制舌头，按"Ctrl+Enter"快捷键转换为选区，填充红色。按 Ctrl 键并选择嘴唇、牙齿和舌头所在图层，按"Ctrl+T"快捷键调整其大小，选择两只眼睛所在图层，向上移至合适位置，同时调整嘴唇、牙齿和舌头的位置，如图 4-107 所示。

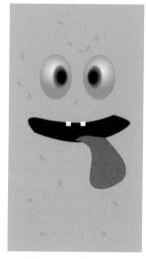

图 4-105　绘制嘴巴　　　　图 4-106　绘制牙齿　　　　图 4-107　绘制舌头

（14）绘制标题栏。使用"矩形工具" ▣ 在界面上方绘制黑色矩形作为标题栏背景，使用"圆角矩形工具" ▢ 在标题栏右侧绘制白色圆角矩形并在标题栏中间输入时间。

（15）使用"横排文字工具" T 在嘴唇下方输入时间，调整其大小，打开"字符"面板设置字体及字形。在时间下方输入日期，在"字符"面板中设置字体、大小及颜色，如图 4-108 所示。

（16）打开"图标"素材，使用"移动工具" ▶ 将其移至手机背景下方，调整其大小和位置，如图 4-109 所示。

图 4-108　输入文字

图 4-109　添加图标

（17）最后调整眼睛、嘴唇、牙齿和舌头到合适的位置，最终效果如图 4-99 所示。执行"文件"→"存储"命令，在弹出的"存储为"对话框中以"手机主题界面 .psd"为文件名保存文件。

任务 3　手机应用界面设计

手机应用
界面设计

制作技巧

在进行手机应用界面设计时应注意应用设置的图标的摆放以及和应用之间的承上启下的关系。本任务是制作美图照片的应用界面，图层效果的添加及滤镜的使用可以为美图照片的界面增色很多，另外，也离不开各种形状工具及画笔工具的使用，参考效果如图 4-110 所示。

图 4-110　手机应用界面设计参考效果

制作步骤

（1）制作首页界面。执行"文件"→"新建"命令，在弹出的"新建"对话框中设置"宽度"为 540 像素，"高度"为 960 像素，"分辨率"为 300 像素 / 英寸，"背景"为白色，如图 4-111 所示。

（2）单击"确定"按钮，新建空白画布。新建"图层 1"，选择"渐变工具" ▣，打开"渐变编辑器"窗口，设置渐变为从亮黄色到橙黄色，如图 4-112 所示。在选项栏设置填充模式为径向，取消勾选"反向"复选框，在画布上拉出渐变效果。

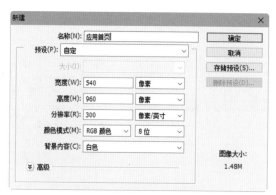

图 4-111　"新建"对话框

图 4-112　"渐变编辑器"窗口

（3）打开"木板"素材，使用"移动工具" ▶ 拖入界面底部，打开"书"素材，使用"移动工具" ▶ 拖入界面并移至"木板"的上方，调整其大小和位置，并添加"投影"效果，如图 4-113 所示。

（4）新建图层，使用"矩形工具" ▨在界面中间绘制白色矩形，按"Ctrl+J"快捷键复制白色矩形，按"Ctrl+T"快捷键调出变换框，按"Shift+Alt"快捷键从中心等比例缩小矩形，制作第一张相纸。打开"女孩6"素材，移至相纸上方，调整其大小，创建剪贴蒙版，将"女孩6"贴入相纸中间制作照片，选中照片所有图层，按"Ctrl+E"快捷键合并选中图层，将照片移至界面下方并调整其大小，效果如图4-114所示。

（5）新建图层，继续使用"矩形工具" ▨在界面绘制白色矩形，按"Ctrl+J"快捷键复制白色矩形，按"Ctrl+T"快捷键调出变换框，按"Shift+Alt"快捷键从中心等比例缩小矩形，制作第二张相纸。打开"女孩4"素材，移至相纸上方，调整其大小，创建剪贴蒙版，将"女孩4"贴入相纸中间制作照片，选中第二张照片所有图层，按"Ctrl+E"快捷键合并选中图层，将其移至界面左下方并调整其大小，向左旋转30°。

（6）新建图层，使其用同样的方法制作第三张照片，并将第三张照片移至界面右下方并调整其大小，向右旋转30°，效果如图4-115所示。

图 4-113　添加素材

图 4-114　制作照片

图 4-115　旋转照片

（7）打开"相机"素材，使用"移动工具" ▸移至界面书的上方，调整其大小。右击"相机"图层，在弹出的快捷菜单中执行"栅格化图层"命令，新建一个图层。

（8）选择相机所在图层，使用"矩形选框工具" ▦在相机右半侧绘制矩形选区，单击选项栏"从选区减去"按钮◨，使用"魔棒工具" ⚲单击相机白色区域，去除白色区域。选择新建的图层，填充黑色，并创建剪贴蒙版，设置不透明度为"10%"，以制作出折纸效果，如图4-116所示。

（9）打开"镜头"素材，使用"移动工具" ▸将其移至相机前方，按"Ctrl+T"快捷键调整其大小，效果如图4-117所示。

（10）新建图层，选择"矩形工具" ▨，在选项栏设置填充为桃红色，轮廓为灰色，1点粗，在相机下方绘制矩形。使用"横排文字工具" T在矩形上面输入文字信息，将文字设置为白色，在"字符"面板重新设置字间距为500，效果如图4-118所示。

图 4-116　折纸效果

图 4-117　添加镜头

图 4-118　输入文案

（11）新建图层，使用"矩形选框工具"▣ 在界面上方绘制线型矩形选区，填充白色。按"Ctrl+Alt"快捷键，使用"移动工具"▶ 移动复制矩形三次，并放置在合适的位置。

（12）使用"横排文字工具" T 在矩形线条下方输入文字"美图"，在"字符"面板中设置大小、间距和颜色，并添加"描边"图层样式效果。再次使用"横排文字工具" T 输入文字"Camera"，在"字符"面板中设置大小，按"Ctrl+T"快捷键水平逆时针旋转 30°，并添加"描边"图层样式效果。调整线条的长度，使其连接上文字，效果如图 4-119 所示。

（13）按 Ctrl 键并单击"图层 2"，载入"木纹"选区，为其调整曲线，参数设置如图 4-120 所示。

（14）选择"钢笔工具"✎，在画布底部绘制白色矩形，制作高光，在"属性"面板中设置"羽化"为 22，添加"叠加"图层混合模式，效果如图 4-121 所示。

图 4-119　扩展文字

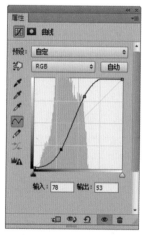
图 4-120　调整曲线

图 4-121　添加高光

（15）新建图层，选择"自定形状工具" ✿，在画布上绘制心形图形，填充粉红色，描白色边，1点，按"Ctrl+J"快捷键复制一份，按"Ctrl+T"快捷键调整其大小和位置，效果如图4-122所示。

（16）打开"手机顶部下部图标"素材，使用"移动工具" ▶ 将"上部图标"移至手机界面顶端，将下部图标移至手机界面底端，最终效果如图4-123所示。

图4-122　添加心形

图4-123　添加标题栏

（17）执行"文件"→"存储"命令，在弹出的"存储为"对话框中以"应用首页.psd"为文件名保存文件。

（18）制作内页界面。执行"文件"→"新建"命令，在弹出的"新建"对话框中设置"宽度"为540像素，"高度"为960像素，"分辨率"为300像素/英寸，"背景"为白色，如图4-124所示。

（19）单击"确定"按钮，新建空白画布。在"颜色"面板上设置前景色为灰色，按"Alt+Delete"快捷键填充前景色。打开"纸纹1"素材，使用"移动工具" ▶ 移至界面顶端，打开"纸纹2"素材，使用"移动工具" ▶ 移至界面底端，如图4-125所示。

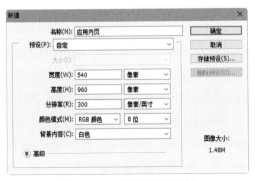

图4-124　"新建"对话框

图4-125　制作背景

（20）在"背景图层"上方新建"图层3"，使用"矩形工具" ▢ 在界面绘制白色矩形，无轮廓，按"Ctrl+Alt"快捷键，使用"移动工具" ▶ 连续复制两个矩形，在选项栏单击"水平居中分布"按钮 ◫。

（21）将中间矩形调成方形，复制矩形并放置在其下，以同样的方法复制矩形和方形并进行摆放，效果如图4-126所示。

（22）选择第一个矩形，按"Ctrl+J"快捷键复制这个矩形，按"Ctrl+T"快捷键调小，制作成相纸，打开"花卉"素材，使用"移动工具" ▶ 移至相纸上方并调整其大小，创建剪贴蒙版，制作第一张照片。

（23）以同样的方法依次制作相纸，打开不同图片，将其移至相纸上方并调整其大小，创建剪贴蒙版，制作照片，效果如图4-127所示。

（24）打开"返回"素材，使用"移动工具" ▶ 移至界面左上方并调整其大小。新建图层，使用"钢笔工具" ✎ 在右上方绘制一任意多边形，按"Ctrl+Enter"快捷键转换为选区，在"颜色"面板设置前景色为深粉红色，填充前景色，按"Ctrl+J"快捷键复制多边形，按"Ctrl+T"快捷键调整其大小，填充白色。使用"横排文字工具" T 在其上输入文字信息，打开"收藏"素材，将其移至多边形左端，调整其大小，效果如图4-128所示。

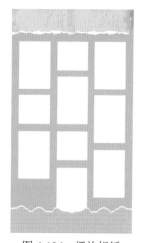

图4-126　摆放相纸

图4-127　摆放照片

图4-128　添加上部元素

（25）按"Ctrl+ +"快捷键放大画布，选择"自定形状工具" ▨，在"形状"面板中选择"心形"形状，在界面左下角绘制心形，在选项栏设置填充为粉色，轮廓为1点白色，调整其位置，按"Ctrl+T"快捷键并向右旋转60°。按"Ctrl+Alt"快捷键，使用"移动工具" ▶ 连续复制4个心形，调整其位置。

（26）打开"相机2"素材，移至界面底部，按"Ctrl+T"快捷键调整其大小和位置，使用"横排文字工具" T 在相机旁输入文字"拍照"。

（27）选择"圆角矩形工具" ▢，在选项栏设置"黑色"填充色，在相机下面绘制圆角矩形，选择相机及圆角矩形图层，调整其位置。复制圆角矩形，打开"分享"素材，移至界面，按"Ctrl+T"快捷键调整其大小，移至圆角矩形左端，使用"横排文字工具" T

在分享图片旁输入文字"分享"，效果如图 4-129 所示。

（28）新建图层，使用"多边形套索工具" 在界面右下侧绘制任意四边形选区，在"颜色"面板中设置前景色为橙色，按"Alt+Delete"快捷键填充橙色，添加灰色描边。

（29）使用"横排文字工具" T 在其上输入"更多"。使用"椭圆工具" 在四边形上绘制一个白色正圆，按"Ctrl+Alt"快捷键，使用"移动工具" 连续复制两个正圆，作为省略号，调整省略号的位置，效果如图 4-130 所示。

（30）打开"手机顶部下部图标"素材，使用"移动工具" 将"上部图标"移至手机界面顶端，将下部图标移至手机界面底端，调整各部件摆放的位置，如图 4-131 所示。

图 4-129　添加下部元素

图 4-130　添加图形

图 4-131　添加标题栏

（31）执行"文件"→"存储"命令，在弹出的"存储为"对话框中以"应用内页 .psd"为文件名保存文件。

知识链接

画笔工具

"画笔工具" 可以在空白的画布中绘制图画，也可以在已有的图像中对图像进行再创作。掌握好"画笔工具"的使用方法可以使设计的作品更精彩。

1. 选择画笔工具

单击"画笔工具"选项栏的"画笔预设选取器"按钮 右侧的 按钮，将弹出如图4-132 所示的"画笔选择"调板。在此调板中可以选择画笔形状，拖曳"大小"选项下的滑块或输入数值可以设置画笔大小，拖曳"硬度"选项下的滑块或输入数值可以设置画笔的软硬度。

单击"画笔选择"调板右上方的 按钮，在其弹出的下拉菜单中选择"描边缩览图"选项，"画笔选择"调板的显示将变为如图 4-133 所示的外观。

图 4-132 "画笔选择"调板

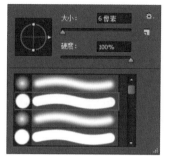

图 4-133 描边式"画笔选择"调板

2. 设置画笔

单击"画笔工具"选项栏中的"切换画笔面板"按钮，弹出如图 4-134 所示的"画笔"面板。

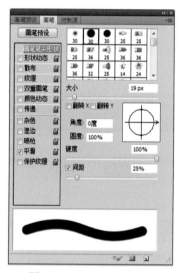

图 4-134 "画笔"面板

贴心提示

按"["键，可以使画笔头减小，按"]"键，可以使画笔头增大。按"shift+["快捷键或"shift+]"快捷键可以减小或增大画笔头的硬度。

（1）画笔笔尖形状设置。在"画笔"面板中，单击"画笔笔尖形状"选项，在此可以设置画笔的笔尖形状。"画笔"面板中各选项介绍如下所述。

"大小"选项：用于设置画笔的大小。

"角度"选项：用于设置画笔的倾斜角度。不同倾斜角度的画笔绘制的线条效果如图 4-135 所示。

（a）角度值为 0　　　　　　　　（b）角度值为 45

图 4-135　画笔角度效果

"圆度"选项：用于设置画笔的圆滑度，在右侧的预视窗口中可以观察和调整画笔的角度和圆滑度。不同圆滑度的画笔绘制的线条效果如图 4-136 所示。

（a）圆度为 100%　　　　　　　（b）圆度为 15%

图 4-136　画笔圆度效果

"硬度"选项：用于设置画笔所绘制图像的边缘的柔化程度。硬度的数值用百分比表示。不同硬度的画笔绘制的线条效果如图 4-137 所示。

（a）硬度为 100%　　　　　　　（b）硬度为 0

图 4-137　画笔强度效果

"间距"选项：用于设置画笔绘制的标记点之间的间隔距离。不同间隔的画笔绘制的线条效果如图 4-138 所示。

（a）间距为 25%　　　　　　　（b）间距为 100%

图 4-138　画笔间距效果

🐞 贴心提示

　　"画笔笔尖形状"主要用于设置画笔的笔尖形状；"控制"选项下的"渐隐"是以指定数量的步长渐隐元素，每个步长等于画笔笔尖的一个笔迹，该值的范围为 1 ～ 9999。

（2）画笔形状动态设置。在"画笔"面板中选择"形状动态"选项，如图 4-139 所示，"形状动态"选项可以增加画笔的动态效果。"形状动态"选项下各选项介绍如下所述。

"大小抖动"选项：用于设置动态元素的自由随机度。数值设置为 100% 时，画笔绘制的元素会出现最大的自由随机度，数值设置为 0% 时，画笔绘制的元素没有变化，如图 4-140 所示。

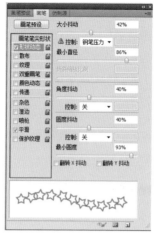

图 4-139　"形状动态"选项

大小抖动 + 角度抖动　　　　　　　　　　角度抖动

图 4-140　大小抖动效果

　　"控制"选项：其弹出菜单中有关、渐隐、钢笔压力、钢笔斜度、光笔轮和旋转 6 个选项。各个选项可以控制动态元素的变化。例如：选择"渐隐"选项，在其右侧的数值框中输入 10，将"最小直径"选项设置为 100%，画笔绘制的效果如图 4-141 所示；将"最小直径"选项设置为 10%，画笔绘制的效果如图 4-142 所示。

图 4-141　最小直径为 100%　　　　图 4-142　最小直径为 10%

　　"最小直径"选项：用来设置画笔标记点的最小尺寸。

　　"角度抖动"选项：用于设置画笔在绘制线条的过程中标记点角度的动态变化效果；在"控制"选项的弹出菜单中，可以选择各个选项来控制抖动角度的变化。设置不同抖动角度数值后，画笔绘制的效果如图 4-143 所示。

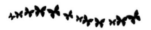 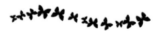

（a）角度抖动为 10%　　　　　（b）角度抖动为 50%

图 4-143　角度抖动效果

　　"圆度抖动"选项：用于设置画笔在绘制线条的过程中标记点圆度的动态变化效果；在"控制"选项的弹出菜单中，可以通过选择各个选项来控制圆度抖动的变化。设置不同圆度抖动数值后，画笔绘制的效果如图 4-144 所示。

（a）圆度抖动为 0　　　　　　（b）圆度抖动为 50%

图 4-144　圆度抖动效果

"最小圆度"选项：用于设置画笔标记点的最小圆度。

（3）画笔的散布设置。在"画笔"面板中，选择"散布"选项，面板如图 4-145 所示，"散布"选项可以用于设置画笔绘制的线条中标记点的分布效果。"散布"选项下各选项介绍如下所述。

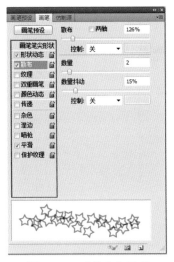

图 4-145　"散布"选项

"两轴"选项：不勾选该复选框，画笔的标记点的分布与画笔绘制的线条方向垂直，效果如图 4-146 所示；勾选该复选框，画笔标记点将以放射状分布，效果如图 4-147 所示。

图 4-146　不选两轴　　　　　　　　　　图 4-147　选取两轴

"数量"选项：用于设置每个空间间隔中画笔标记点的数量。设置不同的数量后，画笔绘制的效果如图 4-148 所示。

（a）设置数量为 1　　　　　　　（b）设置数量为 5

图 4-148　数量效果

"数量抖动"选项：用于设置每个空间间隔中画笔标记点的数量变化。在"控制"选项的弹出菜单中可以选择各个选项，来控制数量抖动的变化。

（4）画笔的纹理设置。在"画笔"面板中，选择"纹理"选项，面板如图4-149所示，"纹理"选项可以使画笔纹理化。"纹理"选项下各选项介绍如下所述。

"缩放"选项：用于设置图案的缩放比例。

"为每个笔尖设置纹理"复选框：用于设置是否分别对每个标记点进行渲染。勾选此复选框，其下面的"深度"和"深度抖动"选项变为可用。

"模式"选项：用于设置画笔和图案之间的混合模式。

"深度"选项：用于设置画笔混合图案的深度。

"深度抖动"选项：用于设置画笔混合图案的深度变化。

（5）双重画笔设置。在"画笔"面板中，选择"双重画笔"选项，如图4-150所示，双重画笔效果就是两种画笔效果的混合。"双重画笔"选项下各选项介绍如下所述。

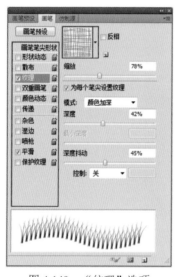

图4-149　"纹理"选项

图4-150　"双重画笔"选项

"模式"选项：其弹出菜单中有两种画笔的混合模式。在画笔预视框中选择一种画笔作为第二个画笔。

"大小"选项：用于设置第二个画笔的大小。

"间距"选项：用于设置第二个画笔在所绘制的线条中标记点的分布效果。不勾选"两轴"复选框，画笔的标记点的分布与画笔绘制的线条方向垂直。勾选"两轴"复选框，画笔标记点将以放射状分布。

"数量"选项：用于设置每个空间间隔中第二个画笔标记点的数量。

选择第一个画笔 后绘制的效果如图4-151所示。选择第二个画笔 并对其进行设置后，绘制的双重画笔混合效果如图4-152所示。

图4-151　单个画笔

图4-152　混合画笔

（6）画笔的颜色动态设置。在"画笔"面板中，选择"颜色动态"选项，如图4-153所示。"颜色动态"选项用于设置画笔绘制的过程中颜色的动态变化情况。"颜色动态"选项下各选项的介绍如下所述。

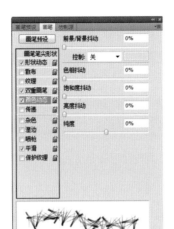

图 4-153　　"颜色动态"选项

"前景／背景抖动"选项：用于设置画笔绘制的线条在前景色和背景色之间的动态变化。

"色相抖动"选项：用于设置画笔绘制线条的色相动态变化范围。

"饱和度抖动"选项：用于设置画笔绘制线条的饱和度的动态范围。

"亮度抖动"选项：用于设置画笔绘制线条的亮度范围。

"纯度"选项：用于设置颜色的纯度。

设置不同的颜色动态数值后，画笔绘制的效果如图4-154和图4-155所示。

图 4-154　纯度调整

图 4-155　饱和度调整

（7）画笔的其他设置。

"传递"选项：确定色彩在描边路线中的改变方式。

"杂色"选项：可以为画笔增加杂色效果。

"湿边"选项：可以为画笔增加水笔的效果。

"喷枪"选项：可以使画笔变为喷枪的效果。

"平滑"选项：可以使画笔绘制的线条产生更平滑顺畅的曲线。

"保护纹理"选项：可以对所有的画笔应用相同的纹理图案。

3．使用画笔

单击"画笔工具"，在选项栏中设置画笔属性，然后就可以使用"画笔工具"在画布中单击并按住鼠标左键进行设计。

项目总结

本项目分别介绍了设置界面、主题界面和应用界面的设计和制作方法。无论是哪种类型的界面，都首先应对界面的分辨率、尺寸及各个控件的尺寸有明确的认知，然后合理选择界面的主色和辅助色。制作时先规划出各个功能区的大致框架，然后逐步刻画每个细部，这种从整体到局部的刻画方法可以保证整体效果的美观。

单元自测

1. 设计制作如图 4-156 所示的手机显示界面。

操作提示：手机尺寸为 1150 像素 ×2046 像素，使用的工具有画笔工具、圆角矩形工具、自动形状工具及横排文字工具。

2. 设计制作如图 4-157 所示的特效手机主题界面。

操作提示：手机尺寸为 1080 像素 ×1920 像素，使用的工具有画笔工具、钢笔工具、自动形状工具及横排文字工具。

3. 设计制作如图 4-158 所示的手机音乐应用界面。

操作提示：手机尺寸为 640 像素 ×1136 像素，使用的工具有画笔工具、椭圆工具、钢笔工具、矩形工具、椭圆选框工具、矩形选框工具及横排文字工具。

图 4-156　手机显示界面　　图 4-157　特效手机主题界面　　图 4-158　手机音乐应用界面

单元 5
图文制作

能力目标

1. 能进行 Logo 的设计及制作。
2. 能进行特殊文字的制作。
3. 能进行标志的创意设计。
4. 能进行各种卡片的设计制作。
5. 能进行常见宣传页的设计制作。

知识目标

1. 了解常见卡片的制作流程和方法。
2. 了解常见折页的制作方法和行业要求。
3. 掌握矢量绘图工具的使用方法。
4. 掌握滤镜及图层的使用技巧。

图文制作是平面设计领域一项重要的应用，现在的大街小巷遍布图文制作门店，它给人们的日常生活和工作带来了便利。Photoshop 在图文制作方面是一个不可或缺的工具，常常用来设计和制作公司的 Logo、个性名片及贵宾卡等卡片作品、各类服务行业的宣传折页等。目前有关图文制作的岗位有打字员、图形设计制作员、图文排版师、喷绘制作师、营销策划师、印刷输出师等。

项目 1　标识设计

项目描述

标识是指视觉认知，即企业的形象识别，是企业识别中最直观、最形象、最具个性的识别部分。现实生活中，标识主要分为 Logo、商标、企业标志、机构标志、服务性标志和活动标志等。本项目就以常见标识设计和文字特效创意为例介绍其制作方法。

项目分析

本项目包括 Logo 设计和特效字设计。Logo 常常以简洁图形外加文字进行设计，而特效字可以增加作品的感染力，因此，需要使用矢量绘图工具进行图形绘制，充分使用滤镜和图层模式及样式增加作品的艺术性，创造出与众不同的作品。

本项目可以分为以下 2 个任务：

任务 1　Logo 设计

任务 2　制作霓虹灯招牌

Logo 设计

任务 1　Logo 设计

Logo 是一种象征的图形，它以最精炼、最浓缩的视觉形象传达信息。Logo 是简洁明了的图形符号，含有丰富的信息并具有较强的视觉冲击力。

制作技巧

现为"六叶草"文化传媒公司设计制作企业 Logo，要求设计出的 Logo 具有特殊的传播功能，让人过目不忘。

首先，利用"椭圆工具""转换点工具"及"钢笔工具"绘制单叶草，填充渐变色并设置图层样式，然后合成六叶草，最后输入文字。标志以绿色为主色调，代表企业蒸蒸日上，配以黄色，给以视觉上的冲击力，参考效果如图 5-1 所示。

图 5-1　Logo 设计参考效果

制作步骤

（1）设计一叶草。执行"文件"→"新建"命令，打开"新建"对话框，设置"名称"为叶子，"宽度"为 6 厘米，"高度"为 8 厘米，"分辨率"为 150 像素 / 英寸，其他参数默认，如图 5-2 所示。

（2）单击"确定"按钮，新建空白图像文件。选择"椭圆工具" ，单击工具选项栏的"选择工具模式"，在弹出的列表中选择"路径"，在图像编辑窗口上方绘制一个大小适合的椭圆形路径，如图 5-3 所示。此时弹出"实时形状属性"面板，如图 5-4 所示，用于设置所绘制路径的大小及位置。

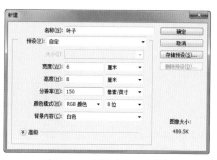
图 5-2 "新建"对话框

图 5-3 绘制椭圆形路径

图 5-4 "实时形状属性"面板

（3）选择"转换点工具"，将鼠标指针移至椭圆形路径的上方锚点，此时鼠标指针呈 $\mathbb{N}$ 形状，如图 5-5 所示。单击以将该"平滑点"转换为"尖突点"，以同样的方法将下方"平滑点"也转换为"尖突点"，如图 5-6 所示。

（4）执行"窗口"→"路径"命令，打开"路径"面板，单击面板下方的"将路径作为选区载入"按钮，将路径转换为选区，如图 5-7 所示。

图 5-5 转换锚点

图 5-6 转换锚点效果

图 5-7 将路径转换为选区

（5）新建"图层 1"，选择"渐变工具"，单击工具选项栏的"线性渐变"按钮，并单击"点按可编辑"按钮，打开"渐变编辑器"窗口，设置从左到右色块分别为 RGB(245,255,199)，RGB(209,242,27) 和 RGB(0,145,28)，如图 5-8 所示，单击"确定"按钮，将鼠标由左下向右上拖动为选区填充线性渐变，效果如图 5-9 所示。

图 5-8 "渐变编辑器"窗口

图 5-9 渐变填充效果

（6）按"Ctrl+D"快捷键取消选区，复制"图层 1"，选择"加深工具" ◉，在工具选项栏上设置"大小"为 30，"硬度"为 10%，"范围"为中间调，"曝光度"为 50%，在绘制的图像上进行涂抹，加深图像颜色，效果如图 5-10 所示。

（7）选择"减淡工具" ◉，在工具选项栏上设置"大小"为 20，"硬度"为 10%，"范围"为中间调，"曝光度"为 50%，在绘制的图像的右下角进行涂抹，提高图像亮度，效果如图 5-11 所示。

（8）双击"图层 1 拷贝"图层，弹出"图层样式"对话框，设置"外发光"的"发光颜色"为 RGB(255,255,190)，设置"光泽"的"效果颜色"为 RGB(253,255,239)，单击"确定"按钮，效果如图 5-12 所示。

　图 5-10　加深图像颜色　　　　图 5-11　提高图像亮度　　　　图 5-12　图层样式效果

（9）选择"钢笔工具" ◉，单击工具选项栏的"选择工具模式"按钮 路径 ⬍，在弹出的列表中选择"路径"，在图像的右上方绘制一个闭合路径，如图 5-13 所示。

（10）按"Ctrl+Enter"组合键，将路径转换为选区，如图 5-14 所示。按"Shift+F6"组合键，打开"羽化选区"对话框，设置"羽化半径"为 3，如图 5-15 所示，单击"确定"按钮，羽化选区，效果如图 5-16 所示。

　图 5-13　绘制闭合路径　　图 3-14　将路径转换为选区　　图 5-15　"羽化选区"对话框

（11）新建"图层 2"，为选区填充淡黄色，按"Ctrl+D"快捷键取消选区，效果如图 5-17 所示。

　　图 5-16　羽化选区效果　　　　　　　图 5-17　填充效果

（12）设置"图层 2"混合模式为"叠加"，"不透明度"为 30%，效果如图 5-18 所示，此时"图层"面板如图 5-19 所示。

图 5-18　图层效果　　　　　　　　　　　图 5-19　"图层"面板

（13）制作六叶草。分别复制"图层 1 拷贝"和"图层 2"，并合并复制的图层，重命名为"叶草 1"，"图层"面板如图 5-20 所示。

（14）复制"叶草 1"图层，执行"编辑"→"自由变换"命令，调出变换控制框，将中心控制点移至正下方合适的位置作为旋转中心，如图 5-21 所示。

图 5-20　"图层"面板　　　　　　　　　　图 5-21　调整中心控制点

（15）在工具选项栏上设置"旋转"△为 60°，此时图像随之进行相应角度的旋转，如图 5-22 所示，单击工具选项栏的"提交变换"按钮✔，确认图像旋转结果，效果如图 5-23 所示。

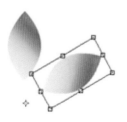

图 5-22　旋转图像　　　　　　　　　　　图 5-23　旋转效果

（16）连续按"Ctrl+Shift+Alt+T"组合键 4 次，将上述旋转图像复制 4 次，制作出六叶草图案，效果如图 5-24 所示。

（17）新建"图层 3"，选择"自定形状工具" ✿，单击工具选项栏的"选择工具模式"按钮，在弹出的列表中选择"路径"，单击"点按可打开自定形状拾色器"按钮 ，在弹出的"自定形状拾色器"中选择靶心，如图 5-25 所示。

图 5-24　六叶草图案

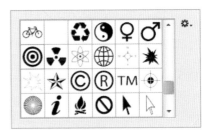

图 5-25　自定形状拾色器

（18）在图像中间绘制靶心路径，按"Ctrl+Enter"组合键，将路径转换为选区，为选区填充颜色 RGB(7,108,23)，效果如图 5-26 所示。

（19）制作文字效果。选择"横排文字工具" T，在工具选项栏设置"字体"为长城广告体，18 点，黑色，在图像编辑窗口的下方单击并拖曳，绘制一个虚线的文本框，如图 5-27 所示。

（20）在光标闪烁处输入"六叶草文化传媒"，按 Enter 键换行，设置"大小"为 10 点，输入"LIUYECAOWENHUACHUANMEI"，单击工具选项栏的"提交所有当前编辑"按钮 ✔，完成文字输入，如图 5-28 所示。

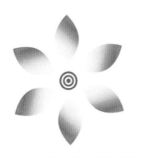

图 5-26　绘制中心图案效果

图 5-27　绘制文本框

图 5-28　输入文字

（21）单击工具选项栏"切换字符与段落面板"按钮 ，在弹出的"段落"面板中单击"居中对齐文本"按钮 ，将文字居中对齐，效果如图 5-1 所示，至此，完成公司 Logo 的设计制作。

（22）执行"文件"→"存储为"命令，将图像文件以"企业 Logo.psd"为文件名重新进行保存。

知识链接

路径

一、路径

"路径"是指用户勾绘出来的、由一系列点连接起来的线段或曲线。可以沿着这些线段或曲线填充颜色，或者进行描边，从而绘制出图像，如图 5-29 所示。

路径功能是 Photoshop 矢量设计功能的充分体现，此外，路径还可以转换成选取范围。

二、钢笔工具

"钢笔工具" 是建立路径的基本工具，使用该工具可创建直线路径和曲线路径，如图 5-30 所示。

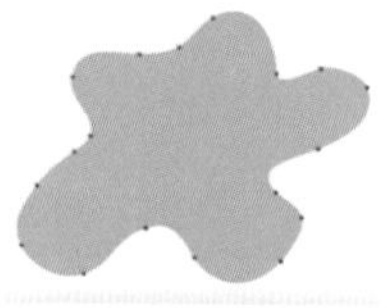

图 5-29　路径

图 5-30　使用钢笔工具创建的路径

在绘制路径线条时，可以配合该工具的工具选项栏进行操作。选中"钢笔工具"后，选项栏上将显示有关该工具的选项，如图 5-31 所示

图 5-31　"钢笔工具"选项栏

（1）选择工具模式 路径 ，用于设置钢笔工具的工作模式。单击将弹出列表，如图 5-32 所示。

若选择"形状"创建路径，会在绘制出路径的同时，建立一个形状图层，即路径内的区域将被填入前景色。

若选择"路径"创建路径，只能绘制出工作路径，而不会同时创建一个形状图层。

若选择"像素"创建路径，则直接在路径内的区域填入前景色。

（2）建立：该选项区包括"选区""蒙版"和"形状"3 个按钮，通过使用对应的按钮来创建选区、蒙版和图形。

（3）路径操作按钮 ：单击该按钮，会弹出如图 5-33 所示的下拉列表，用于对所绘制的路径进行相应的操作。

（4）路径对齐方式按钮 ：单击该按钮，会弹出如图 5-34 所示的下拉列表，用于选择相应的选项对齐所绘制的路径。

（5）路径排列方式按钮 ：单击该按钮，会弹出如图 5-35 所示的下拉列表，用于排列所绘制的路径。

（6）自动添加/删除：勾选该复选框，则钢笔工具就具有了智能增加和删除锚点的功能。

图 5-32　工具模式列表

图 5-33　路径操作列表

图 5-34　对齐列表

图 5-35　排列方式列表

小技巧

确定锚点的位置时，如果按住 Shift 键，则可按 45° 水平或垂直的方向绘制路径。

三、钢笔工具的使用

利用钢笔工具可以绘制完美曲线，譬如，在曲线改变方向的位置添加一个锚点，然后拖动构成曲线形状的方向线。方向线的长度和斜度决定了曲线的形状，如图 5-36 所示。

图 5-36　钢笔工具的使用

（1）拖动曲线中的第一个点，如图 5-37 所示。

图 5-37　绘制曲线中的第一个点

A—定位"钢笔"工具；B—开始拖动（鼠标按钮按下）；C—拖动以延长方向线

（2）绘制曲线中的第二个点，若要创建 C 形曲线，请向前一条方向线的相反方向拖动。若要创建 S 形曲线，请向与前一条方向线相同的方向拖动，如图 5-38 所示。

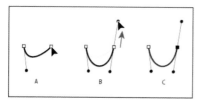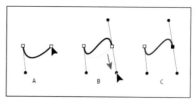

图 5-38　绘制曲线中的第二个点

（3）绘制 M 形曲线。在定义好第二个锚点后，不用到工具栏切换工具，将鼠标移动到第二个方向线手柄上，按住 Alt 键即可暂时切换到"转换点工具" 进行调整；而按住 Ctrl 键将暂时切换到"直接选择工具" ，可以用来移动锚点位置，松开 Alt 或 Ctrl 键立即恢复成"钢笔工具" ，可以继续绘制，如图 5-39 所示。

（4）绘制心形图形。绘制完后按住 Ctrl 键在路径外任意位置单击，即可完成绘制。如果没有先按住 Alt 键就连接起点，将无法单独调整方向线，此时再按下 Alt 键可单独调整，如图 5-40 所示。

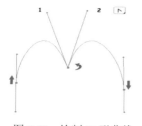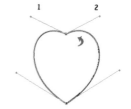

图 5-39　绘制 M 形曲线　　　　　　　　图 5-40　绘制心形图形

（5）增加锚点或者减少锚点。对于一条已经绘制完毕的路径，有时候需要在其上追加锚点（也有可能是在半途意外终止绘制）或者减少锚点。首先应将路径显示出来，可从"路径"面板查找并单击路径，然后可以在原路径上增加或者减少锚点。

文字工具

四、文字工具

Photoshop 中的"文字工具"包括"横排文字工具" T 、"直排文字工具" IT 、"横排文字蒙版工具" 和"直排文字蒙版工具" 4 种。默认情况下，文字工具使用的是"横排文字工具"，如图 5-41 所示。

1. 横排文字工具

"横排文字工具" T 可以为图像创建横向格式的文字。在画布中单击，就可以输入文字，当输入完文字后，得到横向排列的文本，单击"横排文字工具"选项栏右侧的"提交当前所有编辑"按钮 完成操作，同时在"图层"面板中会产生一个文字图层。

具体操作方法如下：

（1）双击工作区，打开如图5-42所示的"心.jpg"素材图片。

图 5-41　文字工具

图 5-42　"心 .jpg"素材图片

（2）选择"横排文字工具" T，在素材图片中单击鼠标进行文字定位，然后在工具选项栏上设置如图 5-43 所示的参数。

图 5-43　文字工具选项栏参数设置

（3）在图片上输入"用心去聆听"，单击工具选项栏的"提交当前所有编辑"按钮✓进行确认，此时"图层"面板如图 5-44 所示，效果如图 5-45 所示。

图 5-43　"图层"面板

图 5-44　文字效果

2．直排文字工具

"直排文字工具" IT 可以为图像创建垂直格式的文字。其创建方法及参数设置方法与横排文字的方法相同，只是得到的文本是竖向排列的。

五、文字的输入

1．输入段落文字

段落文字是一种以段落文字定界框来确定文字的位置与换行情况的文字，如图 5-46 所示，当用户改变段落文字定界框时，定界框中的文字会根据定界框的位置自动换行。

图 5-46　输入段落文字

具体操作方法如下：

（1）双击工作区，打开如图 5-47 所示的"吻 .psd"素材图片。选择"横排文字工具" T，在图片右上方拖曳出虚线文本框，文本框四周有 8 个控制柄 ⊡，虚线矩形框内有一个中心标记 ✧，如图 5-48 所示。

图 5-47　"吻 .jpg"素材图片

图 5-48　拖曳出文本框

（2）在工具选项栏设置字体为"楷体"，字号为"30 点"，颜色为"白色"，输入段落文本"那些未曾说出的想念，多么希望这种感觉，闭上双眼瞬间凝结。冷藏保鲜没有期限，只愿到下一个世纪再溶解。有种感动记忆都是关于你，这种爱不可代替。"，如图 5-46 所示。

（3）单击工具选项栏的"提交所有当前编辑"按钮 ✔，结束文本的输入。

（4）单击工具选项栏"切换字符与段落面板"按钮 ▤，在打开的"字符"面板中设置字体大小为"36"，行距为"48"。在"段落"面板中设置首行缩进为"66 点"，效果如图 5-49 所示。

图 5-49　文本效果

2. 输入选区文字

在一些广告图片上经常会看到特殊排列的文字，既新颖又实现了好的视觉效果，如图 5-50 所示。

图 5-50　输入选区文字

具体操作方法如下：

（1）双击工作区，打开如图 5-51 所示的"蛋 .psd"素材图片。选择"横排文字蒙版工具" ，将鼠标指针移至图像编辑窗口中合适的位置，单击确认文本输入点，此时，图像背景呈淡红色显示，如图 5-52 所示。

图 5-51　"蛋 .psd"素材图片

图 5-52　确认文本输入点

（2）在工具选项栏中设置字体为"长城广告体"，字体大小为"30 点"，在文本输入点处输入"秘密的永恒的爱"，此时输入的文字是实体显示，如图 5-53 所示。按"Ctrl+Enter"快捷键确认输入，即可创建文字选区，如图 5-54 所示。

图 5-53　输入文字

图 5-54　创建文字选区

（3）单击"图层"面板的"创建新图层"按钮，新建"图层 1"图层，执行"编辑"→"填充"命令，打开"填充"对话框，如图 5-55 所示，为选区填充黄色，按"Ctrl+D"快捷键取消选区，效果如图 5-56 所示。

图 5-55　"填充"对话框

图 5-56　文字效果

制作霓虹灯招牌

任务 2　制作霓虹灯招牌

一幅好的平面设计作品，文字设计占据着重要的位置，它包括流畅简洁的语言、独具风格的造型，以赋予作品视觉上的美感。图文制作部也常常接到给各种广告、门头、标识牌制作招牌的工作。

制作技巧

灵活使用形状工具、画笔工具、文字工具及图层样式，制作出带有创意特效的霓虹灯效果，参考效果如图 5-57 所示。

图 5-57　霓虹灯招牌参考效果

制作步骤

（1）制作背景。执行"文件"→"新建"命令，打开"新建"对话框，输入名称"霓虹灯字体"，设定宽度为 20 厘米，高度为 12 厘米，"分辨率"为 300 像素 / 英寸，"颜色模式"为 RGB 颜色，如图 5-58 所示。

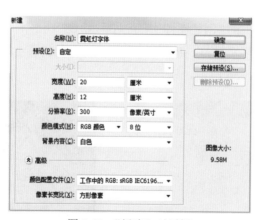

图 5-58　"新建"对话框

（2）选择渐变工具，调整颜色分别为 RGB(35,35,35)、RGB(2,2,2)，选择径向渐变，填充背景颜色。渐变工具选项栏如图 5-59 所示。

图 5-59　渐变工具选项栏

（3）字体设计。选择"横排文字工具"T，单击画面中合适的位置，在工具选项栏设置字体为"Eras Bold ITC"，字体大小为 80 点，颜色为 RGB(250,228,117)，输入内容"WELCOME"，更改字体为"幼圆"，字体大小为 30 点，输入文字"正常营业•欢迎光临"，如图 5-60 所示。

WELCOME

正常营业 • 欢迎光临

图 5-60　输入文字

（4）利用图层样式中的描边、内阴影、外发光、投影增加字体质感。选择"WELCOME"，单击"图层"面板底部的"添加图层样式"按钮 fx，在弹出的列表中选择"描边"选项，打开"图层样式"对话框，设置颜色为 RGB(234,171,59)，如图 5-61 所示。

（5）添加"内阴影"样式，设置颜色为 RGB(114,66,28)，增强字体立体感，如图 5-62 所示。

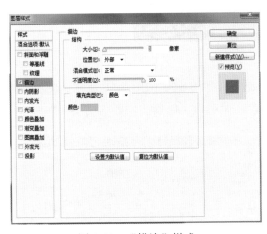

图 5-61　"描边"样式

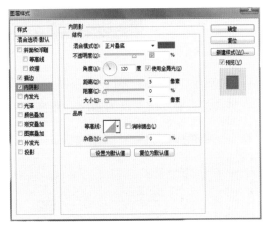

图 5-62　"内阴影"样式

（6）添加"外发光"样式，设置颜色为 RGB(222,133,72)，如图 5-63 所示。

（7）添加"投影"效果，设置不透明度为 60%，角度为 90 度，距离为 19 像素，大小为 4 像素，如图 5-64 所示。

（8）接下来添加圆形模拟字体内部灯泡效果。新建图层，选择"椭圆选框工具"，按住 Shift 键绘制正圆，设置前景色为白色，按"Alt+Delete"快捷键进行填充。

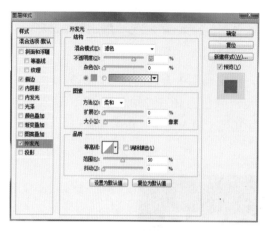

图 5-63　"外发光"样式

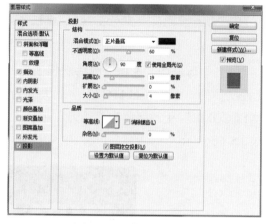

图 5-64　"投影"样式

（9）复制图层，选择"移动工具" 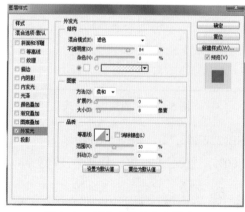 ，根据字体形状调整位置，分布排列，确认无误后，将所有圆形图层合并，效果如图 5-65 所示。

图 5-65　模拟灯泡

（10）为灯泡添加"外发光"样式，设置不透明度为 84%，如图 5-66 所示；添加"投影"样式，调整不透明度为 46%，距离为 1 像素，大小为 3 像素，如图 5-67 所示。

图 5-66　灯泡"外发光"样式

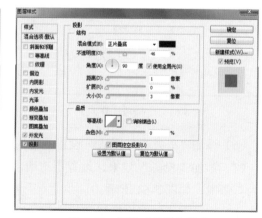

图 5-67　灯泡"投影"样式

（11）调整"正常营业·欢迎光临"字体效果，为其添加"外发光"样式，颜色为白色，不透明度为42%，大小为13像素，如图5-68所示；添加"投影"样式，距离为7像素，大小为2像素，如图5-69所示。

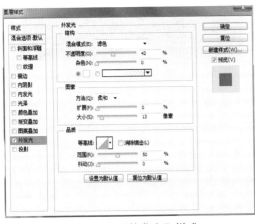 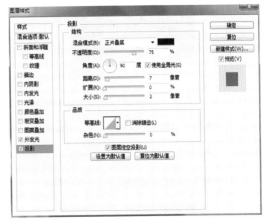

图5-68　"外发光"样式　　　　　　图5-69　"投影"样式

（12）完成字体设置后效果如图5-70所示。

图5-70　字体效果

（13）制作广告牌外框效果。选择"圆角矩形工具" ⬭，在工具选项栏中设置"选择工具模式"为"形状"，填充为"无"，描边分别为"4点""2点"，颜色为白色，圆角半径为30像素，在画面中绘制两个适当的圆角矩形，分别命名为"外框""内框"，并将其栅格化，效果如图5-71所示。

图5-71　添加"外框""内框"

（14）选择"橡皮擦工具" ⬭，调整笔尖为柔边缘，硬度为30%，大小适当，如图5-72所示。将边框分段涂抹为渐隐渐显效果，如图5-73所示。

图 5-72　橡皮擦样式设置

图 5-73　"外框""内框"渐隐效果

（15）为边框添加图层样式，制作霓虹灯效果。选择"外框"，添加"渐变叠加"样式，颜色分别为 RGB(128,191,247)、RGB(206,93,127)、RGB(245,228,119)、RGB(146,255,117)，角度为 180 度，具体设置如图 5-74、图 5-75 所示。

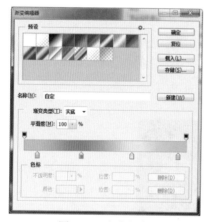

图 5-74　渐变颜色

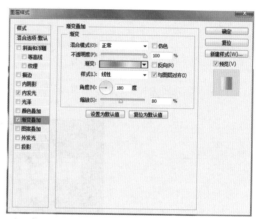

图 5-75　"渐变叠加"样式

（16）继续添加"内发光"样式，选择"混合模式"为"线性加深"，"不透明度"为 50%，颜色选择黑色至透明色，这样可以灵活改变灯管颜色，并且边缘明亮整齐，具体设置如图 5-76 所示。

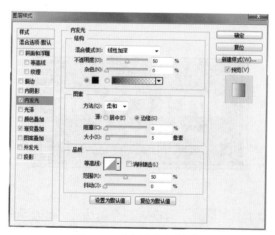

图 5-76　"内发光"样式

图文制作

（17）复制"外框"的图层样式，选择"内框"，粘贴图层样式，并且将渐变叠加的角度改为 0 度，如图 5-77 所示。

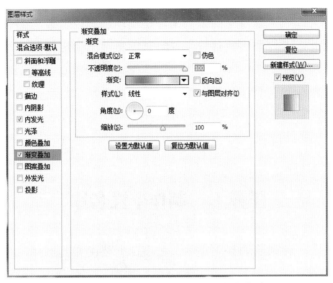

图 5-77　调整"渐变叠加"样式的角度

（18）最终效果如图 5-57 所示。

（19）执行"文件"→"存储为"命令，将文件保存为"霓虹灯字体 .psd"。

项目总结

本项目以 Logo 和霓虹灯招牌为主线，介绍了 Photoshop 在企业标志方面和商家门面招牌方面的设计和制作。在这方面使用最多的莫过于路径、图层样式和滤镜。在许多平面设计作品中，Logo 和招牌的作用不可忽视，它们往往起到画龙点睛的作用。

项目 2　卡片设计

项目描述

随着商品经济社会的发展，各类卡片广泛应用于商务活动中，这些卡片在自我展示、推销各类产品的同时还起着展示、宣传企业的作用。人们在遍布大街小巷的图文制作部就可以轻松制作名片和各种 VIP 贵宾卡及会员卡。本项目就以常见卡片设计为例介绍各类卡片及名片的组成要素。

项目分析

常见的卡片有名片、会员卡和贵宾卡，本项目主要介绍制作个性名片和 VIP 贵宾卡的方法。在社交场合，卡片是身份的识别卡，是商场、宾馆、健身中心及酒店等场所经常出具的卡片。因此，卡片要标明身份，也要有图案或图形进行装饰，这就要求相关人员熟练使用文字工具及路径。

本项目可以分为以下 2 个任务：

任务 1　制作个性名片

任务 2　制作 VIP 贵宾卡

制作个性名片

任务 1　制作个性名片

名片是一个人、一种职业的独立媒体，在设计上要讲究艺术性。现为上海六叶草文化传媒公司的员工设计制作名片，要求文字简明扼要、字体层次分明、信息传递明确、风格新颖独特。

制作技巧

名片便于记忆，具有很强的识别性，能让人在最短时间内获得所需要的信息，因此，名片设计要求文字简明扼要，字体层次分明，设计意识强烈，艺术风格新颖。首先，收集或者绘制名片所需元素；然后，使用"圆角矩形工具"和"转换点工具"制作名片外形，再添加名片元素，完成名片背景的制作；最后，利用"横排文字工具"输入方案文字，参考效果如图 5-78 所示。

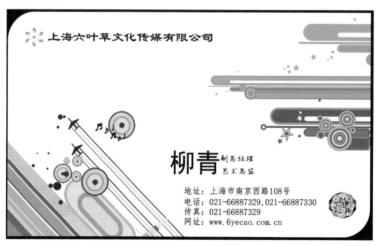

图 5-78　个性名片参考效果

制作步骤

（1）制作名片外形。执行"文件"→"新建"命令，打开"新建"对话框，输入名称"名片"，设定"大小"为 92 毫米 ×56 毫米，"分辨率"为 300 像素 / 英寸，"颜色模式"为 CMYK 颜色，"背景"为背景色，如图 5-79 所示。

图 5-79　"新建"对话框

贴心提示

名片国内标准设计尺寸，即 92mm×56mm（四边各含 1mm 出血位，出血是为裁切修边留的余地），名片标准成品大小为 90mm×54mm，这也是国内最常用的名片尺寸。

（2）单击"确定"按钮，选择"圆角矩形工具" ，在工具选项栏中"选择工具模式"为形状，"填充"设置为白色，单击，在弹出的"创建圆角矩形"对话框中，设置"宽度"为 90 毫米，"高度"为 54 毫米，设置"半径"左上为 80 像素，右上为 0 像素，左下为 0 像素，右下为 80 像素，勾选"从中心"复选框，如图 5-80 所示。

（3）单击"确定"按钮，即可绘制一个指定大小的圆角矩形，生成"圆角矩形 1"图层。使用"移动工具" 将圆角矩形移至图像编辑窗口中心位置，效果如图 5-81 所示。

图 5-80　"创建圆角矩形"对话框

图 5-81　绘制圆角矩形

（4）添加名片元素。执行"文件"→"打开"命令，打开"花纹 1.psd"和"花纹 2.psd"素材图片，如图 5-82 所示。

（5）使用"移动工具" 依次将素材图片移至图像编辑窗口，生成"图层 1"和"图层 2"图层，如图 5-83 所示，效果如图 5-84 所示。

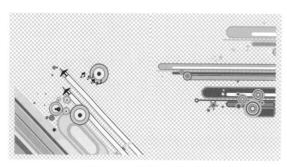

图 5-82　花纹素材图片

图 5-83　"图层"面板

（6）执行"文件"→"置入"命令，打开"置入"对话框，选择"logo.jpg"素材图片，单击"置入"按钮，在图像窗口置入 Logo 图片。使用"移动工具" 将其移至图像窗口左上角，调整其大小和位置，如图 5-85 所示。

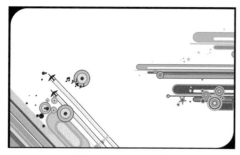

图 5-84　移入图像

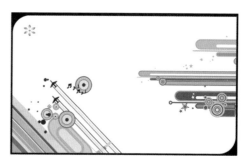

图 5-85　置入并调整 Logo

（7）单击"图层"面板下方的"创建新的填充或调整图层"按钮 ，在弹出的菜单列表中选择"色相 / 饱和度"选项，弹出"属性 - 色相 / 饱和度"面板，设置"色相"为 –18，"饱和度"为 +50，如图 5-86 所示，调整名片上图像的色相和饱和度，效果如图 5-87 所示。

图 5-86　"属性 - 色相 / 饱和度"面板

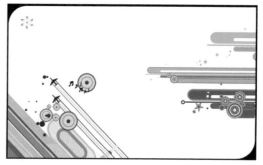

图 5-87　"色相 / 饱和度"效果

（8）在"图层"面板中，再次单击"创建新的填充或调整图层"按钮 ，在弹出的菜单列表中选择"色彩平衡"选项，弹出"属性 - 色彩平衡"面板，设置颜色条为"绿色"，如图 5-88 所示，调整图像为偏绿色，此时效果如图 5-89 所示。

图 5-88　"属性 - 色彩平衡"面板

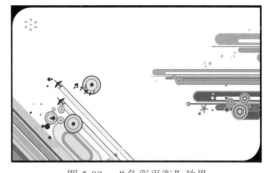

图 5-89　"色彩平衡"效果

（9）输入方案文字。选择"横排文字工具" T，在工具选项栏中设置"字体"为方正粗倩简体，"大小"为 9 点，"颜色"为黑色，在 Logo 后面输入工作单位名称，如图 5-90 所示。

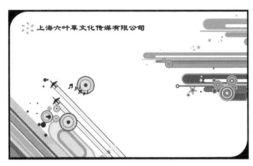

图 5-90　输入文字

（10）以同样的方法输入其他文字，选择"横排文字工具" T，在工具选项栏设置文字的各属性，然后在图像编辑窗口适当的位置处输入其他的文字，最终文字效果如图 5-91 所示。

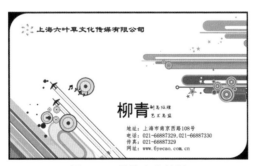

图 5-91　最终文字效果

（11）添加二维码。执行"文件"→"置入"命令，打开"置入"对话框，选择"二维码 .jpg"素材图片，单击"置入"按钮，在图像窗口置入二维码图片。使用"移动工具"将其移至图像窗口左下角，如图 5-78 所示。

（12）合并图层，按"Ctrl+S"快捷键保存文件为"名片 .psd"。

制作 VIP 贵宾卡

任务 2　制作 VIP 贵宾卡

贵宾卡属于会员卡，其制作方法与名片类似，但会员卡的材料不是纸片，而是 PVC，因此也叫 PVC 会员卡。Photoshop 中会员卡的标准尺寸为 88.5mm×57mm，四边含 1.5mm 的出血位，一般将正面和背面分两个文件存放，颜色模式为 CMYK 模式。

制作技巧

本作品面向美容行业，以女性为主，因此，卡片以玫瑰红色为主，配以花草和女性头像，表现女性的柔美，参考效果如图 5-92 所示。

图 5-92　VIP 贵宾卡参考效果

制作步骤

（1）执行"文件"→"新建"命令，打开"新建"对话框，输入名称"VIP 贵宾卡"，名片大小为"88.5mm×57mm"，分辨率为"300 像素／英寸"，颜色模式为"CMYK 颜色"，背景为"白色"，如图 5-93 所示。

（2）单击"确定"按钮，新建图像文件。选择"圆角矩形工具" ▭ ，在工具选项栏中设置"选择工具模式"为路径，单击，在弹出的"创建圆角矩形"对话框中设置"宽度"为 85.5 毫米，"高度"为 54 毫米，设置四个角的"半径"值均为 30 像素，如图 5-94 所示。

图 5-93　"新建"对话框

图 5-94　"创建圆角矩形"对话框

（3）单击"确定"按钮，绘制一个指定大小的圆角矩形路径，选择"路径选择工具"，将绘制的路径移至图像窗口的中心位置处，如图 5-95 所示。

图 5-95　绘制圆角矩形

（4）按"Ctrl+Enter"组合键，将绘制的路径转换为选区。新建"图层 1"图层，选择"渐变工具"，在工具选项栏中单击"线性渐变"按钮，单击"点按可编辑渐变"按钮，打开"渐变编辑器"窗口，从左到右设置色标颜色分别为 CMYK(8,82,0,0) 到 CMYK(7,64,0,0)，如图 5-96 所示，单击"确定"按钮，由上到下进行线性渐变，效果如图 5-97 所示。

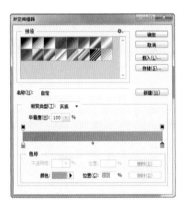

图 5-96　"渐变编辑器"窗口

图 5-97　填充选区

（5）按"Ctrl+D"快捷键取消选区，单击"图层"面板下方的"创建新的填充或调整图层"按钮，在弹出的下拉菜单中选择"色相 / 饱和度"选项，新建"色相 / 饱和度 1"调整图层，弹出"属性 - 色相 / 饱和度"面板，设置"饱和度"为 +70，如图 5-98 所示，以提高图像饱和度，效果如图 5-99 所示。

图 5-98　"属性 - 色相 / 饱和度"面板

图 5-99　提高饱和度效果

单元5　图文制作

（6）执行"文件"→"打开"命令，打开"花纹 .psd"素材图片，如图 5-100 所示。

（7）选择"移动工具" ，将素材图片移至图像窗口，生成"图层 2"，按"Ctrl+T"快捷键调出变换框，调整素材的大小和位置，效果如图 5-101 所示。

图 5-100 "花纹 .psd"素材图片　　　　　图 5-101 调整素材效果

（8）选择"横排文字工具" T，在工具选项栏设置"字体"为 Times New Roman，"大小"为 48 点，"颜色"为白色，在图像空白处单击，输入"VIP"，执行"编辑"→"变换"→"斜切"命令，将文字向右倾斜，单击工具选项栏的"提交变换"按钮✔，确认变换，效果如图 5-102 所示。

（9）执行"图层"→"栅格化"→"文字"命令，栅格化文字，将文字转换为图片。

（10）在"图层"面板中单击"添加图层样式"按钮 fx，在弹出的命令列表中选择"投影"选项，弹出"图层样式"对话框，设置"距离"为 16 像素，"大小"为 6 像素，如图 5-103 所示。

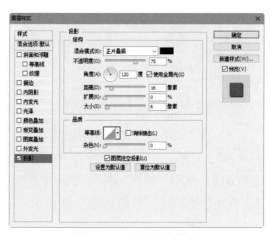

图 5-102 输入并斜切文字　　　　　图 5-103 "投影"样式

（11）勾选"斜面与浮雕"复选框，切换至"斜面与浮雕"参数设置界面，参数选择默认值，如图 5-104 所示。

（12）勾选"描边"复选框，切换至"描边"参数设置界面，设置"颜色"为黄色，"大小"为 3 像素，如图 5-105 所示。

（13）单击"确定"按钮，给文字添加图层样式，效果如图 5-106 所示。

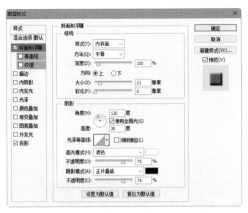

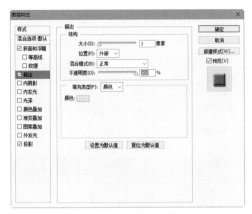

图 5-104　"斜面与浮雕"样式　　　　　　　图 5-105　"描边"样式

（14）选择"横排文字工具" T，在工具选项栏设置"字体"为长城广告体，"大小"为 14 点，"颜色"为白色，在"VIP"右下角输入"贵宾卡"，更换"字体"为长城中行书体，"大小"为 12 点，在图像左上角处单击，输入"海伦国际美容 SPA 中心"及拼音缩写。效果如图 5-107 所示。

图 5-106　图层样式效果　　　　　　　　　图 5-107　输入其他文字

（15）选择"横排文字工具" T，在工具选项栏设置"字体"为黑体，"大小"为 8 点，"颜色"为橙色，在卡片的左下角输入卡号"NO.168823618713688"，添加"斜面与浮雕"图层样式，在打开的"斜面与浮雕"对话框中，设置"样式"为浮雕效果，"大小"为 6，效果如图 5-108 所示。

图 5-108　卡号效果

（16）除"背景"层外，合并所有的图层，执行"文件"→"存储"命令，将制作好的卡片保存为"VIP贵宾卡正面.psd"文件。

（17）单击"背景"层，使用"渐变工具" ▭ 为"背景"图层填充蓝红黄的线性渐变色，如图5-109所示。

（18）按"Ctrl+O"快捷键，弹出"打开"对话框，打开"卡片背面.psd"素材图片，如图5-110所示。

图5-109　填充背景效果

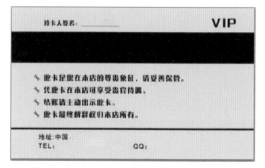

图5-110　"卡片背面.psd"素材图片

（19）使用"移动工具" ▸⊹ 将素材图片拖曳至图像编辑窗口，生成"图层1"图层，按"Ctrl+T"快捷键，调整素材图片的大小和位置，单击工具选项栏的"提交变换"按钮 ✓，确认变换，效果如图5-111所示。

（20）为"图层1"图层添加"投影"图层样式，设置"角度"为45度，"距离"为10像素，"大小"为8像素，效果如图5-112所示。

图5-111　拖入卡片背面图像

图5-112　投影样式效果

（21）单击卡片正面所在图层，使用"移动工具" ▸⊹ 将其移至卡片背面所在图层的上方，按"Ctrl+T"快捷键调出变换框，调整卡片正面的大小及位置，按Enter键确认变换，效果如图5-113所示。

（22）在"图层"面板中选择"图层1"图层，右击，在弹出的快捷菜单中选择"复制图层样式"命令，然后选择卡片正面所在图层，右击，在弹出的快捷菜单中选择"粘贴图层样式"命令，此时"图层"面板如图5-114所示，效果如图5-115所示。

图 5-113　调整卡片正面

图 5-114　"图层"面板

图 5-115　复制图层样式

（23）执行"文件"→"存储为"命令，将文件保存为"VIP 贵宾卡 .psd"。

项目总结

本项目以名片和贵宾卡等卡片产品为主线，介绍了 Photoshop 在商务卡片方面的设计和制作。卡片是现代经济信息社会的身份识别卡，它是人们在商务活动中沟通交流的一种形式，也是商场、美容中心、健身场所、饭店等消费场所的会员认证材料，用途非常广泛。凡是需要身份识别的地方都会应用到这些卡片产品。在设计卡片时，素材的收集和制作非常重要，在制作卡片时，一定要根据行业规范和标准进行。

项目 3　折页招贴设计

项目描述

随着市场经济的发展，为了扩大企业、商品的知名度，推售产品和加深购买者对商品的了解，各类宣传折页和招贴应运而生。各图文制作部门经常会承接为各类展销会、洽谈会制作折页和招贴的项目，很多产品的说明书也是采用折页和招贴的形式进行制作的。本项目就以常见的三折页及招贴页为例介绍各类宣传页的制作和组成要素。

项目分析

宣传页是一种以传媒为基础的纸制的宣传流动广告，是一种常用的平面设计产品。宣传页是用来介绍产品或活动的，应有大量的文字和图片，如何进行版式设计至关重要。

本项目可分为以下 2 个任务：

任务 1 制作三折页

任务 2 制作 POP 招贴

制作三折页

任务 1 制作三折页

现为中国台湾地区产上岛咖啡设计制作一款三折页，供客户查看，以宣传该产品。要求文字简明扼要、图片层次分明、信息传递明确、风格新颖独特。

制作技巧

首先，使用参考线划分页面区域，使用"矩形选框工具"绘制图形；然后，添加相应的素材；最后，利用"横排文字工具"输入方案文字并对文字进行相应的调整，参考效果如图 5-116 所示。

图 5-116 三折页参考效果

制作步骤

（1）划分三折页区域。执行"文件"→"新建"命令，打开"新建"对话框，输入名称"三折页"，设定"大小"为 291 毫米 ×216 毫米，"分辨率"为 300 像素 / 英寸，"颜色模式"

为 CMYK 颜色，"背景" 为白色，如图 5-117 所示。

图 5-117　"新建"对话框

 贴心提示

三折页标准尺寸为 285mm×210mm，成品尺寸为 285mm×210mm，把 285mm 分成 3 份就是 210mm×95mm×3mm（3 个 95 拼起来），实际建立文件的时候是 291mm×216mm，包括 3mm 的出血。

（2）单击"确定"按钮，执行"视图"→"标尺"命令，打开标尺。在 X 轴标尺处拖出 2 条参考线作为出血线，在 Y 轴标尺处拖出 4 条参考线分别作为出血线和区域线，如图 5-118 所示。

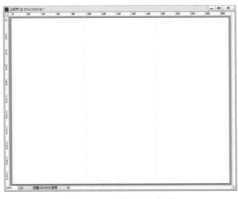

图 5-118　绘制参考线

（3）选择"矩形选框工具" ，在画布左侧区域沿参考线边缘绘制矩形选区，设置前景色为 CMYK(12,28,6,0)，按"Alt+Delete"组合键填充选区，按"Ctrl+D"快捷键取消选区。

（4）在中间区沿参考线边缘绘制矩形选区，填充 CMYK(74,100,35,1) 颜色，取消选区，在右侧区域沿参考线边缘绘制矩形选区，选择"渐变工具" ，在工具选项栏单击"径向渐变"按钮 ，打开"渐变编辑器"窗口，设置由 CMYK(25,80,20,0) 色到 CMYK(74,100,35,1) 色的渐变，取消选区，效果如图 5-119 所示。

（5）添加折页元素。执行"文件"→"打开"命令，打开"大厅 1.jpg"素材图片，如图 5-120 所示。选择"移动工具" 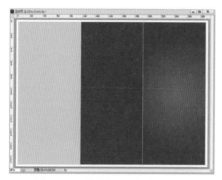，将素材图片拖入画布，生成"图层 1"，按"Ctrl+T"快捷键调出变换框，调整图片的大小和位置，按 Enter 键确认变换。

图 5-119　绘制矩形并填充颜色

图 5-120　"大厅 1.jpg"素材图片

（6）单击"图层"面板底部的"创建新的填充或调整图层"按钮 ，在弹出的列表中选择"亮度 / 对比度"选项，弹出"属性 - 亮度 / 对比度"面板，设置"亮度"为 29，"对比度"为 8，如图 5-121 所示，效果如图 5-122 所示。

图 5-121　"属性 - 亮度 / 对比度"面板

图 5-122　添加素材图片及调整效果

（7）以同样的方法打开"大厅 2.jpg"素材图片，如图 5-123 所示。选择"移动工具" ，将素材图片拖入图像编辑窗口，生成"图层 2"图层，按"Ctrl+T"快捷键调出变换框，调整图片的大小和位置。

图 5-123　"大厅 2.jpg"素材图片

（8）执行"编辑"→"描边"命令，打开"描边"对话框，设置"宽度"为9像素，颜色为CMYK(5,17,2,0)，如图5-124所示，效果如图5-125所示。

图5-124　"描边"对话框

图5-125　添加素材图片及描边效果

（9）双击编辑区，弹出"打开"对话框，依次打开"咖啡.jpg"和"卡通咖啡.png"素材图片，选择"移动工具"，依次将素材图片拖入画布，调整图片的大小和位置，效果如图5-126所示。

（10）单击"图层"面板底部"创建新图层"按钮，新建"图层5"，选择"矩形选框工具"，在图像编辑窗口左下角绘制矩形选区，设置前景色为CMYK(74,100,35,1)，填充前景色，按"Ctrl+D"快捷键取消选区；按Ctrl键，单击"图层4"图层缩览图，载入选区，填充前景色，取消选区，效果如图5-127所示。

图5-126　添加素材图片及调整效果

图5-127　绘制选区及填充效果

（11）双击编辑区，弹出"打开"对话框，打开"卡咖.png"素材图片，使用"移动工具"将素材图片拖入画布中间区域上面位置，调整图片大小。

（12）双击编辑区，弹出"打开"对话框，打开"花边.png"素材图片，选择"移动工具"，将选区内容拖入画布中间区域下面位置，调整图片大小。旋转图片，执行"编辑"→"变换"→"水平翻转"命令，设置水平镜像花边，按Ctrl键，单击"图层7"的图层缩览图，载入选区，填充CMYK(16,83,10,0)色，取消选区，效果如图5-128所示。

（13）执行"文件"→"打开"命令，弹出"打开"对话框，打开"logo.jpg"素材图片，选择"移动工具"，将素材图片拖入画布右边区域，生成"图层8"，双击该图层，打开

"图层样式"对话框，为 Logo 图片添加"大小"为 10 像素，"颜色"为 CMYK(5,17,2,0)
的描边，效果如图 5-129 所示。

图 5-128　添加中间区域元素

图 5-129　添加 Logo 效果

（14）执行"文件"→"打开"命令，打开"咖啡豆 .jpg"素材图片，选择"移动工
具" ，将素材图片移至画布右下角区域，生成"图层 9"，调整图片的大小和位置。单
击"图层"面板底部"添加图层蒙版"按钮 ，为该图层添加图层蒙版，选择"渐变工具"
，从上到下对蒙版进行由黑到白的线性渐变，制作渐变蒙版，效果如图 5-130 所示。

（15）执行"文件"→"打开"命令，依次打开"咖啡 .png"和"标语 .jpg"素材图片，
选择"移动工具" ，将素材图片分别移至画布右下角区域和左下角区域，调整图片的
大小和位置，效果如图 5-131 所示。至此，折页元素添加完毕。

图 5-130　添加蒙版效果

图 5-131　添加图片及标语效果

（16）输入方案文字。选择"横排文字工具" ，在画布左侧区域拖动鼠标绘制文本框，
在工具选项栏设置"字体"为宋体，"大小"为 10 点，"颜色"为 CMYK(37,90,15,1)，输入
"上岛咖啡曼哈顿店，延续台湾总店时尚、细致、简约的风格，每一处细致用心，尽显欧
美风范。"按 Enter 键换行，继续输入"包房内设电视、电脑、棋牌等，并设有网络书吧
区及现代办公设备；有超级豪华包房，尽显品质生活典范。"

（17）单击"图层"面板底部"创建新图层"按钮 ，新建"图层 12"，选择"椭
圆选框工具" ，设置"羽化"为 10 像素，在画布中间部分绘制椭圆选区，填充
CMYK(5,17,2,0) 色，取消选区，再次选择"椭圆选框工具" ，设置"羽化"为 0 像素，

在刚才绘制的椭圆形里面绘制椭圆选区，填充中间的背景色，取消选区。

（18）选择"横排文字工具" T，在工具选项栏设置"字体"为长城中行书体，"大小"为 18 点，"颜色"为 CMYK(11,27,91,0)，在椭圆路径里面边缘处单击，输入"我不在家里，就在上岛，我不在上岛，就在去上岛的路上……"，效果如图 5-132 所示。

（19）选择"横排文字工具" T，在工具选项栏设置"字体"为长城广告体，"大小"为 48 点，"颜色"为 CMYK(11,10,84,0)，在画布右侧输入"上岛咖啡"，单击工具选项栏的"创建文字变形"按钮，打开"变形文字"对话框，设置"样式"为扇形，"弯曲"为 +33%，如图 5-133 所示，单击"确定"按钮，创建变形文字。为该文字添加"外发光"及"投影"图层样式。

图 5-132　部分文字方案效果

图 5-133　"变形文字"对话框

（20）选择"横排文字工具" T，在工具选项栏设置"字体"为 Informal Roman，"大小"为 22 点，输入拼音，添加"投影"及"外发光"图层样式，效果如图 5-134 所示。

图 5-134　添加其他文字效果

（21）执行"视图"→"显示"→"参考线"命令，隐藏参考线，按"Ctrl+R"快捷键关闭标尺，最终效果如图 5-116 所示。

（22）执行"文件"→"存储"命令，将制作好的三折页以"三折页 .psd"文件存盘。

知识链接

宣传折页

一、宣传折页

宣传折页是指四色印刷机彩色印刷的单张彩页，一般是为扩大影响力而做的一种纸面宣传材料。它是一种以传媒为基础的纸制的宣传流动广告，简称折页，如图 5-135 所示。

图 5-135　宣传折页

1. 折页的类型

折页一般有二折页、三折页、四折页、五折页、六折页等类型，其中三折页是使用得最多的一种。特殊情况下，如果机器折不了可以加入手工折页。当总页数不多，不方便装订时就可以做成折页；为提高设计美化效果，或便于内容分类，也可以将折页做成小折页，如 16K 的三折页；为适应环保要求，现在很多简易说明书都采用折页形式，不用骑订，如 EPSON 打印机、SONY 数码相机的简易说明书。

2. 折页的纸张要求

印刷时，折页常采用 $128 \sim 210 \mathrm{g/m^2}$ 的铜版纸，过厚的纸张不适宜折页，为提高产品的档次，也可以双面覆膜。另外，首页纸也可以设计成异形或加各种"啤孔"。

3. 折页的特点

折页具有针对性、独立性和整体性的特点，为工商界所广泛应用，主要是针对展销会、洽谈会，或针对购买货物的消费者进行邮寄、分发、赠送，以扩大企业、商品的知名度，推售产品和加深购买者对商品了解，强化了广告的效用。

4. 折页的折法

折页的折法有风琴折、普通折、特殊折、对门折、底图折、海报折、平行折及卷轴折 8 种折法，它们各具特色，应根据实际情况选择折叠的方法。

5. 常用折页的尺寸

折页中常用的有二折页和三折页，它们的尺寸如下所述。

二折页的标准尺寸有两种：一种是 420mm×285mm，折好后是 210mm×285mm；另一种是 190mm×210mm，折好后是 95mm×210mm。

三折页标准尺寸为 285mm×210mm，成品尺寸为 285mm×210mm，把 285mm 分成 3 份就是 210mm×95mm×3，即 3 个 95mm 拼起来，实际建立文件时是 291mm×216mm，这里包括 3mm 的出血。

二、标尺

Photoshop 的标尺被放置在工作区的边界，横向为 X 轴标尺，纵向为 Y 轴标尺，是用来衡量图像的尺寸并对图像元素精确定位的。

标尺的打开和关闭可通过执行"视图"→"标尺"命令或按 Ctrl+R 快捷键进行，其单位可以通过执行"编辑"→"首选项"→"单位与标尺"命令或按 "Ctrl+K"快捷键，打开"首选项"对话框，在此对话框中设置标尺的单位、列尺寸和为新文档预设分辨率等，如图 5-136 所示。

图 5-136 "首选项"对话框

现根据标尺来裁剪 19mm×12mm 的图像，具体操作方法如下：

（1）执行"文件"→"打开"命令，打开"风景 .jpg"素材图片，如图 5-137 所示。

图 5-137 "风景 .jpg"素材图片

（2）按"Ctrl+R"快捷键打开标尺，将鼠标移动到工作区左上角水平标尺和垂直标尺交汇处的矩形框内，拖动鼠标到图像的左上角处，重新定位原点位置。

（3）当释放鼠标后标尺的原点 (0,0) 被定位在图像的左上角，如图 5-138 所示，这样就可以直接查看图像的宽度和高度了。

图 5-138　定位原点

（4）单击"裁剪工具"![crop], 依据标尺上显示的数值, 将图像裁剪成 19mm×12mm 的图像, 如图 5-139 所示。

图 5-139　裁剪图像

（5）单击工具选项栏的"提交当前裁剪操作"按钮![check]完成裁剪, 如图 5-140 所示。

图 5-140　裁剪图像效果

三、参考线

参考线

Photoshop 中参考线的作用是帮助用户快速而准确地对图像的整体或部分区域进行定位。双击参考线可以在打开的"首选项"对话框中设置参考线的颜色和样式。

具体操作方法如下：

（1）按"Ctrl+O"快捷键打开"鲜花.jpg"素材图片，如图5-141所示。按"Ctrl+R"快捷键打开标尺并将鼠标移动到工作区左上角水平标尺和垂直标尺交汇处的矩形框内，拖动鼠标到图像的左上角处，重新定位原点位置。

（2）将鼠标移动到标尺栏上，按住鼠标左键拖动鼠标到工作区中，这样就可以拖出一条参考线。使用相同的方法连续拖出4条参考线并分别定位在如图5-142所示的位置上。

图5-141　"鲜花.jpg"素材图片

图5-142　拖出参考线

小技巧

在拖动参考线时，按Alt键可在水平参考线和垂直参考线之间进行切换，譬如，按住Alt键，单击当前的水平参考线，则可以将其变为一条垂直参考线，反之亦然。

（3）使用"矩形选框工具"在图像中沿参考线边缘绘制矩形选区，如图5-143所示。

（4）按"Ctrl+ ；"快捷键隐藏参考线，得到如图5-144所示的精确大小的选区。

图5-143　沿参考线边缘绘制选区

图5-144　获得精确大小选区

四、智能参考线

智能参考线可以帮助用户对齐形状、切片和选区。当用户绘制形状、创建选区或切片时，智能参考线会自动出现。如果需要可以隐藏智能参考线。

具体操作方法如下：

（1）双击工作区，在弹出的"打开"对话框中打开"自然风光.jpg"素材图片，按"Ctrl+R"快捷键打开标尺并将鼠标移动到工作区左上角水平标尺和垂直标尺交汇处的矩形框内，拖动鼠标到图像的左上角处，重新定位原点位置。

（2）执行"视图"→"新建参考线"命令或按"Alt+V+E"快捷键，打开"新建参考线"对话框，如图 5-145 所示。

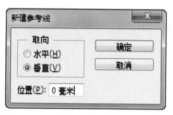

图 5-145　"新建参考线"对话框

（3）分别在图像中添加水平为 10cm 和垂直为 16cm 的参考线，得到如图 5-146 所示的位置。

图 5-146　新建指定的参考线

制作 POP 招贴

任务 2　制作 POP 招贴

POP 招贴是指悬挂在大街小巷的户外宣传广告，其特点是画面大、应用范围广泛、艺术表现力丰富、视觉效果强烈。作为商家，到图文制作部很容易就能制作出。这里为某小吃店制作最新推出的早餐 POP 招贴。

制作技巧

制作 POP 招贴，素材的收集及准备很重要，招贴中要宣传的产品或活动的信息要收集好，然后就是图片素材的合成及简单图形的绘制，颜色和图形尽量夸张，以吸引顾客眼球，参考效果如图 5-147 所示。

图 5-147　POP 招贴参考效果

制作步骤

（1）执行"文件"→"新建"命令，打开"新建"对话框，参数设置如图 5-148 所示。

图 5-148　"新建"对话框

贴心提示

POP 招贴常用的尺寸有 60cm×90cm、90cm×120cm 及 120cm×150cm 等。

（2）单击"确定"按钮，新建空白画布。设置前景色为 RGB(255,222,169)，按"Alt+Delete"快捷键给画布填充前景色。

（3）选择"椭圆选框工具" ○，绘制一个椭圆形选区。设置前景色为 RGB(255,237,199)，按"Alt+Delete"快捷键给选区填充前景色，按"Ctrl+D"快捷键取消选区，效果如图 5-149 所示。

（4）打开"口号 .jpg"素材图片，使用"魔棒工具" 将文字抠出，拖动到画布中，并调整好文字的尺寸和位置，如图 5-150 所示。

（5）以同样的方法将"文字 .jpg"素材图片中的文字抠出，拖动到画布中，并调整好文字的尺寸和位置，如图 5-151 所示。

图 5-149　背景设计

图 5-150　添加"口号"文字

图 5-151　添加"文字"

（6）依次将西餐、中餐的图片素材添加到文件中，如图 5-152 所示。

（7）选择"横排文字工具" T，在工具选项栏设置"字体"为黑体，字体"大小"为 260 点，"颜色"为黑色，输入文字"中餐""西餐"；同样，设置字体为"方正静蕾简体"，字体大小为"100 点"，颜色为"黑色"，输入文字"扫一扫更多优惠活动等你来参与"。使用"移动工具" 调整文字的位置，效果如图 5-153 所示。

（8）设置前景色为 RGB(255,102,0)，使用"矩形选框工具" 绘制一个矩形选区，填充前景色；使用"椭圆选框工具" 绘制一个椭圆选区，并填充"白色"。

（9）选择"移动工具" ，选中刚才绘制的两个图形，按 Alt 键拖动鼠标复制一份，并调整好图形的位置。

（10）在"图层"面板中，调整各图层的叠加顺序，使步骤（8）所绘图形衬在中餐和西餐图片的下方，效果如图 5-154 所示。

图 5-152　添加图片素材

图 5-153　输入文字

图 5-154　添加图形

（11）打开"二维码"素材图片，使用"移动工具"将其移至画布左下角处，最终效果如图 5-147 所示。

（12）执行"文件"→"存储"命令，将制作好的 POP 招贴以"招贴 .psd"文件存盘。

知识链接

POP 招贴

POP 招贴

POP 是"购买点的广告"一词的缩写。凡是那些在商场建筑物内外的所有能帮助促销产品的广告物，或是提供有关产品情报、服务、指示、引导等的标识，都可以叫作 POP 广告，如图 5-155 所示。譬如商场外悬挂的横幅及竖幅标语等，都以友好的姿态向客户提供有关产品的信息。

图 5-155　POP 招贴

国内又将海报称为招贴或宣传画，属于户外广告，分布在大街小巷、影剧院、展览会、商业闹区、车站、码头、公园等公共场所，国外也称招贴为"瞬间"的街头艺术。

招贴的特点是画面大、应用范围广泛、艺术表现力丰富、视觉效果强烈。

招贴常用的尺寸有 60cm×90cm、90cm×120cm 及 120cm×150cm 等。

制作招贴时一般都会覆膜，有亚膜和亮膜之分，亮膜用得更多一些。其尺寸可以根据实际场地的需求而灵活设定。

项目总结

本项目以折页和招贴这些市面上十分普遍的平面设计作品为主线，介绍了 Photoshop 在折页及招贴等宣传广告上的应用。这些产品的设计关键是素材的获取，制作时多采用图像合成并辅以羽化、蒙版、图层样式等手段。在制作时一定要遵循行业标准，按照行业标准尺寸进行制作，这样才能设计和制作出符合企业需求的作品。

单元自测

1．中秋节到了，试着给母婴网店制作一张 30cm×90cm 的宣传招贴，参考效果如图 5-156 所示。

2．旅游旺季到了，绵竹某旅游风景区为宣传"天然泥池"的功效，吸引游客，需要制作一份三折页，要求画面简洁、温馨大方。参考效果如图 5-157 所示。

图 5-156　宣传招贴参考效果

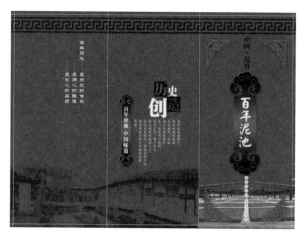

图 5-157　三折页参考效果

3．为提高职业院校学生的技能操作水平，全国每年都会举行不同专业的技能大赛。现为计算机网络专业设计网络技能大赛 Logo，如图 5-158 所示。

图 5-158　网络技能大赛 Logo

单元 6
建筑美工

能力目标

1. 能对渲染图进行基本分析和处理。
2. 能制作简单的建筑室内室外效果图。
3. 能进行精确抠图及园艺设计。

知识目标

1. 掌握钢笔工具的使用方法。
2. 掌握路径的相关操作方法。
3. 掌握蒙版的操作方法。
4. 掌握图像的编辑方法。

建筑设计及室内设计是今天一个很热门的行业，效果图是建筑、室内、环境景观规划等专业设计师的表达利器。通常，一张先期做好的渲染图，需要利用 Photoshop 进行后期处理，以专业及美术眼光进行丰富补充和修正润色，只有这样，一张渲染图才可以成为真正意义上的效果图。目前有关建筑美工的岗位有贴图师、修图师、后期合成师、环艺设计师、装饰美工、建筑平面图设计师、建筑后期与特效制作师等。

项目 1　室内效果图处理

室内效果图处理

项目描述

"美家设计"是一家非常著名的室内装修设计公司，为了更直观地表现效果，展示给客户的是设计项目的效果图。作为一名装饰美工，需要将前期渲染图进行后期处理，调整亮度、色彩等，然后添加配景，对图片进行优化及美化，制作出后期的效果图，参考效果如图 6-1 所示。

图 6-1　室内效果图参考效果

项目分析

　　设计的顺序是"先整体、后局部、再整体"。本项目选择一张经渲染的效果图，对其修正不足和添加装饰效果。首先调整亮度及色彩，然后添加配景、增加光效。本项目可以分解为以下 3 个任务：

　　　　任务 1　控制整体效果

　　　　任务 2　添加室外背景

　　　　任务 3　添加室内配景

制作步骤

任务 1　控制整体效果

　　（1）执行"文件"→"置入"命令，在弹出的"置入"对话框中选择"卧室渲染图 .jpg"，置入一张室内效果图，如图 6-2 所示，在"图层"面板中栅格化图片，这样可以避免因放大、缩小等操作对图片产生像素损耗。

图 6-2　室内效果图

（2）执行"图像"→"图像大小"命令，弹出"图像大小"对话框，记下图像的尺寸，关闭窗口。

（3）执行"文件"→"新建"命令，在弹出的"新建"对话框中根据图像尺寸设置画布大小，再设置其他参数，如图 6-3 所示。

图 6-3　"新建"对话框

（4）按"Ctrl+A"快捷键选择"卧室渲染图"，再按"Ctrl+C"快捷键复制图像，关闭此图像窗口。回到之前新建的文件窗口，按"Ctrl+V"快捷键粘贴图像，生成"图层 1"。

（5）调整图像整体亮度。单击"图层"面板上的"创建新的填充或调整图层"按钮，在弹出的列表中依次选择"亮度/对比度""色阶"及"曲线"选项，调整图像的明暗程度，参数设置如图 6-4 所示。

图 6-4　对图像的明暗进行调整

（6）图像调整后的效果如图 6-5 所示。

图 6-5　调整明暗后的图像

小技巧

在"图层"面板中，原来的"图层 1"上多了"亮度 / 对比度 1""色阶 1"和"曲线 1"图层，如图 6-6 所示，它就是新增的调整图层。以后，双击该图层可以进行编辑，从而获得新的亮度及层次效果。

图 6-6　增加调整图层后的"图层"面板

（7）调整图像的色彩倾向。在"图层"面板中选择"图层 1"，单击"图层"面板上的"创建新的填充或调整图层"按钮 ⚫，在弹出的列表中选择"色彩平衡"选项，设置色彩平衡参数，如图 6-7 所示，图像调整后的效果如图 6-8 所示。

图 6-7　"色彩平衡"调整

图 6-8　调整色彩后的图像效果

（8）选择"图层 1"，单击"图层"面板上的"创建新的填充或调整图层"按钮 ⚫，在弹出的列表中选择"色相 / 饱和度"选项，设置"色相 / 饱和度"参数，如图 6-9 所示，调整后的图像效果如图 6-10 所示。

图 6-9　"色相 / 饱和度"调整

图 6-10　调整色相 / 饱和度后的图像效果

任务 2　添加室外背景

（1）在“图层”面板中，单击各调整图层左边显示图标，暂时关闭这几个调整图层，只留下“图层 1”。可以看到，图像的明暗及色彩恢复到了调整前的状态。这表明，关闭调整图层，也会暂时关闭其调整的影响。

（2）选择“图层 1”，连续按“Ctrl+ ＋”快捷键放大视图，直到图像的窗户大小和编辑窗口大小差不多为止。按 H 键并使用“抓手工具”将窗户移动到编辑窗口中间，如图 6-11 所示。

图 6-11　放大图像

（3）选择“魔棒工具”，在工具选项栏上设置容差为“10”，单击“添加到选区”按钮，去掉右边的“连续”，如图 6-12 所示。然后单击浅蓝色区域，即对窗户的玻璃部分进行较精确的选取。

图 6-12　“魔棒工具”选项栏

（4）选中了大部分的玻璃后，利用“套索工具”对选区进行调整，将没有选中的增加进去，多选中的部分去掉，效果如图 6-13 所示。

图 6-13　选中窗户上的玻璃

（5）在“图层”面板中，单击各调整图层左边的显示按扭，重新打开各个调整图层，这时，原先对图像进行的调整又生效了。

（6）按“Ctrl+J”快捷键，将选区复制到一个新的“图层 2”，此时，图像效果没有变化。

将“图层 1”移动到所有调整层的上方，这样“图层 1”上放置室外背景的图像将不与渲染图在明暗、色彩上保持同步，如图 6-14 所示。

（7）按“Ctrl+O”快捷键打开“室外背景 .jpg”素材图片，如图 6-15 所示。

图 6-14　新建图层并调整图层顺序

图 6-15　“室外背景 .jpg”素材图片

（8）按“Ctrl+A”快捷键选择图像，按“Ctrl+C”快捷键复制图像，然后关闭此图像窗口，回到效果图窗口，按“Alt+Ctrl+Shift+V”快捷键复制图像到选区中，如图 6-16 所示。

（9）图层自动生成一个蒙版，可以利用“蒙版”的特点对室外背景进行调整。执行“编辑”→“自由变换”命令，调出变换框对其进行缩放处理，使用“移动工具”移动到合适的位置，效果如图 6-17 所示。

图 6-16　添加室外背景

图 6-17　对室外背景大小和位置进行调整

（10）调整室外背景的明暗及色彩，再将“图层 1”的“不透明度”调整为“90%”，使之与室内渲染图相适应，效果如图 6-18 所示。

图 6-18　对室外背景进行调整

任务3　添加室内配景

（1）按"Ctrl+O"快捷键打开"鲜花.jpg"素材图片，如图6-19所示。

（2）用"魔棒工具" 将"鲜花.jpg"素材图片中白色的部分选中，按Delete键，删除选中区域的图像，效果如图6-20所示。

图6-19　"鲜花.jpg"素材图片

图6-20　删除选中区域

（3）按"Ctrl+A"快捷键选择图像，再复制图像，然后关闭此图像窗口，回到效果图窗口，将复制的图像粘贴到"图层3"中，效果如图6-21所示。

图6-21　复制鲜花到效果图中

（4）调整鲜花的大小和位置，保存该图像文件，最终效果如图6-1所示。

知识链接

调整图层

一、调整图层

"调整图层"是一类非常特殊的图层，它可以包含一个图像调整命令，从而对图像产生作用，该类图层不能装载任何图像的像素。

"调整图层"具有图层的灵活性和优点，可以在调整的过程中根据需要为"调整图层"增加蒙版，利用"蒙版"的功能对底层的图像的局部进行调色。"调整图层"可以将调整应用于多个图像，在"调整图层"上也可以设置图层的混合模式；另外，"调整图层"也可以将颜色和色调调整应用于图像，且不会更改图像的原始数据，因此，不会对图像造成真正的修改和破坏。

具体操作方法如下：

（1）打开"彩球.jpg"素材图片，如图 6-22 所示。复制"背景"图层，生成"背景 拷贝"图层，使用"魔棒工具" 制作彩球选区，如图 6-23 所示。

图 6-22　"彩球.jpg"素材图片

图 6-23　制作彩球选区

（2）单击"图层"面板上的"创建新的填充或调整图层"按钮 ，在弹出的列表中选择"色相 / 饱和度"选项，打开"属性 - 色相 / 饱和度"面板，设置参数，如图 6-24 所示，调整后的效果如图 6-25 所示。

图 6-24　"属性 - 色相 / 饱和度"面板

图 6-25　调整后的效果

二、不规则选区工具

Photoshop 中不规则选区工具有"套索工具" 、"磁性套索工具" 和"多边形套索工具" 。这里，只介绍"套索工具" 和"磁性套索工具" 。

1. 套索工具

"套索工具" 主要用于创建任意形状的选区。

选择"套索工具"后，其选项栏的参数设置与前面介绍的"矩形选框工具" 完全相同，这里就不再赘述了。

套索工具

具体操作方法如下：

（1）按"Ctrl+O"快捷键打开"彩笔 .jpg"素材图片，如图 6-26 所示。选择"套索工具" <img>，按住鼠标左键拖动鼠标绘制如图 6-27 所示的任意形状的范围。

（2）当起点与终点闭合时松开鼠标，此时自动生成所绘形状的闭合选区，效果如图 6-28 所示。

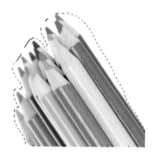

图 6-26   "彩笔 .jpg"素材图片   图 6-27   绘制任意形状   图 6-28   闭合选区

2．磁性套索工具

"磁性套索工具" <img> 具有很强的吸附能力，使用该工具可以更加精确方便地选取所需范围，使所选出的图像更加自然。

具体操作方法如下：

磁性套索工具

（1）按"Ctrl+O"快捷键打开"彩笔.jpg"素材图片。

（2）选择"磁性套索工具" <img>，在图像上单击确定起始点，拖动鼠标沿图像边缘移动，路径上将会自动产生节点，如图 6-29 所示。当鼠标移到终点后汇合起点时单击，此时节点将变为选区，效果如图 6-30 所示。

图 6-29   绘制路径   图 6-30   选区

三、变换命令

执行"编辑"→"变换"命令的级联菜单中的缩放、旋转、斜切、扭曲、透视、变形和翻转 7 种菜单项，如图 6-31 所示，以对图像进行变换比例、旋转、斜切、伸展或变形处理。它可以对选区、图层或图层蒙版应用变换，还可以向路径、矢量形状、矢量蒙版、选区边界或 Alpha 通道应用变换。

变换命令

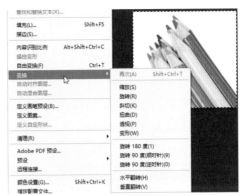

图 6-31　变换命令

具体操作方法如下：

选中要变换的对象"彩笔"，执行"编辑"→"变换"命令，在级联菜单中可进行以下操作：

（1）选取"缩放"菜单项，当鼠标放置在手柄上方时，指针将变为双向箭头，拖动外框上的手柄可以缩放对象，若按 Shift 键拖动角手柄可按比例缩放。

（2）选取"旋转"菜单项，将指针移到外框之外，指针变为弯曲的双向箭头，然后拖动鼠标可以旋转对象；按 Shift 键可将旋转限制为按 15 度增量进行。

（3）选取"斜切"菜单项，拖动外框边手柄可倾斜对象。

（4）选取"扭曲"菜单项，拖动角手柄可伸展外框。

（5）选取"透视"菜单项，拖动角手柄可向外框应用透视。

（6）选取"变形"菜单项，在工具选项栏单击"变形"后的按钮 变形：　自定　，在弹出的下拉菜单中选取一种变形命令，如"贝壳"命令，如图 6-32 所示。或者，选择"自定"命令，在图片上拖动网格内的控制点、线条或区域，以更改外框和网格的形状，如图 6-33 所示。

图 6-32　"变形"下拉菜单

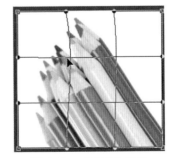

图 6-33　"自定"变形

完成后，按 Enter 键确认，也可单击选项栏中的"提交变换"按钮✔；或者在变换选框内双击。要取消变换，请按 Esc 键或单击选项栏中的"取消变换"按钮🚫。

项目总结

　　室内效果图的制作要切合室内空间的性质和用途，并给人以美感和舒适感。要将室内环境处理和美观大方、格调高雅、独具一格、富有个性结合起来综合考虑。不同的室内环境给人不同的感受，譬如卧室要比较温馨，会议室要简洁明亮，商业场所要比较热烈等。在实际的室内效果图制作中要更加注意细节，通过调整图层，增强图像品质，使图像变得更加明亮、清晰，以制作出更真实、生动的效果。

项目 2　室外效果图设计

室外效果图处理

项目描述

　　"通达设计"是一家非常著名的建筑设计公司，除了建筑设计的其他资料外，还要给出所设计的建筑的后期效果图。公司制作人员就需要将设计师设计的前期渲染图进行后期处理，对亮度、色彩等进行调整，然后设计布局，添加建筑的远景、中景及近景并使其协调一致，制作出后期的效果图，参考效果如图 6-34 所示。

图 6-34　室外效果图参考效果

项目分析

　　在正式进行后期处理之前，先进行简单的分析、规划，可以使各阶段的编辑处理相互照应，避免顾此失彼或者前后矛盾。室外渲染图由远到近可分为三大块，即天空、建筑和草地，它们代表了未来画面的三个层次，即远景、中景和近景。室外效果图后期处理，除了修正错误外，主要的工作就是丰富这三个层次的内容，并使它们之间拉开层次，更重要的是，深入细致地突出表现出中景即建筑的效果。

本项目可以分解为以下 3 个任务：

任务 1　去除多余的背景

任务 2　添加远景和近景

任务 3　添加与调整配景

制作步骤

任务 1　去除多余的背景

（1）执行"文件"→"新建"命令，在弹出的"新建"对话框中根据输出的效果图的大小输入尺寸，创建画布。执行"文件"→"置入"命令，在弹出的"置入"对话框中选择"别墅 .jpg"素材图片，调整其大小并移到合适的位置，如图 6-35 所示。

（2）为了防止误操作对图片的损坏，单击"图层"面板底部的"添加图层蒙版"按钮，添加"图层蒙版"。

（3）使用"钢笔工具"对别墅进行勾选，形成一个闭合路径，如图 6-36 所示。

图 6-35　"别墅 .jpg"素材图片　　　　　　图 6-36　绘制闭合路径

（4）右击，在弹出的快捷菜单中选择"建立选区"命令，弹出"建立选区"对话框，选中"新建选区"单选按钮，如图 6-37 所示。

（5）单击"确定"按钮，使用"钢笔工具"对该别墅建筑中应该通过透明能看见的远处景色部分进行勾选，以同样的方法打开"建立选区"对话框，选中"从选区中减去"单选按钮，如图 6-38 所示，单击"确定"按钮，完成别墅图片的选区制作。

图 6-37　选中"新建选区"单选按钮　　　　图 6-38　选中"从选区中减去"单选按钮

（6）执行"选择"→"反向"命令，选择别墅以外的区域，按 Delete 键，将别墅图片中多余的背景删除，得到经"抠图"处理过的别墅渲染图片，如图 6-39 所示。

图 6-39　经抠图处理过的别墅渲染图片

任务 2　添加远景和近景

（1）按"Ctrl+O"快捷键打开如图 6-40 所示的作为远景的"远景.psd"素材图片，在 Photoshop 中对其进行颜色、对比度、色阶等的相应处理。

（2）拖动远景天空图片到别墅渲染图中，命名图层为"远景"，调整两个图层的上下顺序，如图 6-41 所示，将远景天空的图层置于底层。

图 6-40　"远景.psd"素材图片

图 6-41　调整图层顺序

（3）选中"远景"图层，执行"编辑"→"自由变换"命令，适当地调整远景图片的位置和大小，效果如图 6-42 所示。

（4）按"Ctrl+O"快捷键打开如图 6-43 所示的作为近景的"草坪.psd"素材图片，对其进行颜色、对比度、色阶等相应处理。然后拖动"草坪"图片到别墅渲染图中，命名图层为"草坪"。

图 6-42　调整远景图片的位置和大小

图 6-43　"草坪.psd"素材图片

（5）选中"草坪"图层，执行"编辑"→"自由变换"命令，适当地调整"草坪"图片的位置和大小，利用"套索工具" 将多余的草坪选中，按 Delete 键删除，效果如图 6-44 所示。

图 6-44 调整近景图片的位置和大小

任务3 添加与调整配景

（1）按"Ctrl+O"快捷键打开如图 6-45 所示的"树 1.psd"素材图片，对其进行颜色、对比度、色阶等的相应处理。

（2）拖动"树 1.psd"素材图片到别墅渲染图中，生成新图层，将图层命名为"树 1"。调整图层的上下顺序，将"树 1"图层置于底层远景的上面，如图 6-46 所示。

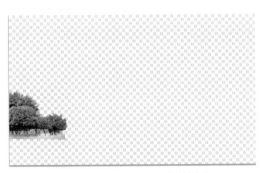

图 6-45 "树 1.psd"素材图片

图 6-46 调整图层顺序

（3）选中"树 1"图层，执行"编辑"→"自由变换"命令，适当地调整"树 1"图片的位置和大小，并将"树 1"图层中多余的部分删除，效果如图 6-47 所示。

（4）以同样的方法依次打开"树 2.psd""树 3.psd""树 4.psd"素材图片，将其添加到别墅图片中去。为了和远景相适应，设置"树 2.psd""树 3.psd"所在图层的"不透明度"为 80%，如图 6-48 所示。

图 6-47　添加树后的效果

图 6-48　设置图层不透明度

（5）添加树之后的效果如图 6-49 所示。

（6）按"Ctrl+O"快捷键打开"竹子 .psd"素材图片，将其添加到别墅图片中去，按"Ctrl+T"快捷键适当调整图片的大小和位置，效果如图 6-50 所示。

图 6-49　添加树之后的效果

图 6-50　添加竹子后的效果

（7）按"Ctrl+O"快捷键打开"小路 .psd"素材图片，将其添加到别墅图片中去，按"Ctrl+T"快捷键适当调整图片的大小和位置，效果如图 6-51 所示。

（8）再按"Ctrl+O"快捷键打开"人物 .jpg"素材图片，向别墅图中添加人物，以增加生活气息，适当调整"人物"图片的大小和位置，效果如图 6-52 所示。

图 6-51　添加小路后的效果

图 6-52　添加人物后的效果

（9）制作人物阴影。复制人物图层，执行"编辑"→"变换"→"扭曲"命令，调出变换框，适当扭曲图片，再调整该图层的不透明度为"50%"，得到最终的效果如图 6-34 所示。

知识链接

加深 / 减淡工具属于颜色修饰类工具，利用它们可以调整图像颜色的深浅，能够精确细致地调整图像的细部色彩，让处理后的图像更加完美。模糊工具属于效果修饰类工具，利用它可以对图像进行模糊效果的处理。

加深工具
与减淡工具

一、加深工具与减淡工具

1. 加深工具

"加深工具" 可以暗化图像的局部，其选项栏的主要参数有"范围""曝光度"和"喷枪"。

具体操作方法如下：

（1）打开"彩球 .jpg"素材图片，如图 6-53 所示，复制"背景"图层，生成"背景 拷贝"图层。

（2）选择"加深工具"，在选项栏上设置画笔为"柔边圆 60 像素"，范围为"中间调"，曝光度为"100%"，在图片上不断涂抹，使其颜色加深，效果如图 6-54 所示。

图 6-53 "彩球 .jpg"素材图片

图 6-54 加深后的效果

2. 减淡工具

"减淡工具" 正好和"加深工具"相反，用来提亮图像的局部，改变特定区域的曝光度，其选项栏的主要参数有"范围"和"曝光度"。

具体操作方法如下：

（1）打开"彩球 .jpg"素材图片，如图 6-53 所示，复制"背景"图层，生成"背景 拷贝"图层。

（2）选择"减淡工具"，在选项栏上设置画笔为"柔边圆 60 像素"，范围为"中间调"，曝光度为"100%"，在图片上不断涂抹，使其颜色减淡，效果如图 6-55 所示。

图 6-55 减淡后的效果

模糊工具

二、模糊工具

"模糊工具" 可以柔化模糊图像，通过降低图像像素之间的反差使图像边界区域变得柔和，以便产生一种模糊的效果。其选项栏的主要参数有"画笔""模式""强度"和"对所有图层取样"。

具体操作方法如下：

（1）打开"蜻蜓.jpg"素材图片，如图6-56所示。复制"背景"图层，生成"背景 拷贝"图层。

（2）选择"模糊工具" ，在选项栏上设置画笔为"柔边圆46像素"，强度为"100%"，在花朵上不断涂抹，使其变得模糊不清，效果如图6-57所示。

图6-56　"蜻蜓.jpg"素材图片

图6-57　模糊工具

项目总结

后期处理是建筑效果图制作中的最后一个重要环节，通过使用Photoshop重点解决三维软件渲染制作中不足的地方，通过调整图层，增强图像品质，使图像变得更加明亮、清晰。添加必要的天空、人物、植物、花草、树木、汽车等配景及物体的阴影、倒影等，烘托场景气氛，使场景变得更加生动、真实、富有情趣。

项目3　建筑辅助设计

项目描述

在进行建筑效果图的设计和制作过程中，常常需要一些辅助的设计，譬如材质的设计、不同配图的抠选。

项目分析

建筑辅助设计是建筑美工必要的工作，这里以沙发材质的更换和建筑物的抠选为例进行介绍。

本项目可以分解为以下 2 个任务：

任务 1　更换材质

任务 2　制作建筑场景素材

更换材质

任务 1　更换材质

当对某一建筑物体的材质不满意时，在不破坏物体的前提下就需要更换材质，譬如墙面、台面、沙发、家具等，这里我们以将皮沙发更换为布艺沙发的过程介绍材质更换的方法。

制作技巧

首先，将沙发抠选出来，利用"消失点"滤镜创建平面，变换平面以将沙发覆盖，复制并粘贴新材质即可完成替换，参考效果如图 6-58 所示。

图 6-58　更换材质参考效果

制作步骤

（1）执行"文件"→"打开"命令，在弹出的"打开"对话框中选择"沙发 .jpg"素材图片，如图 6-59 所示。

（2）单击"磁性套索工具" ，在工具选项栏中设置羽化为"0 px"，宽度为"5 px"，对比度为"10%"，其余选项为默认。使用"磁性套索工具" 选中沙发。执行"选择"→"存储选区"命令，在弹出的"存储选区"对话框中将其命名为"沙发 .jpg"，如图 6-60 所示。

图 6-59　"沙发 .jpg"素材图片

图 6-60　"存储选区"对话框

（3）单击"确定"按钮，按"Ctrl+J"快捷键复制"图层 1"，执行"文件"→"打开"命令，在弹出的"打开"对话框中选择"材质 .jpg"素材图片，如图 6-61 所示。

（4）按"Ctrl+A"快捷键选择图像，按"Ctrl+C"快捷键复制图像，然后关闭此图像窗口，回到沙发图片窗口。

（5）执行"滤镜"→"消失点"命令，在弹出的"消失点"对话框中选择"创建平面工具"，参数如图 6-62 所示。

图 6-61　"材质 .jpg"素材图片

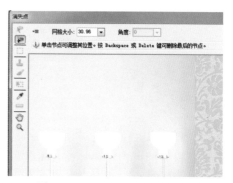
图 6-62　"消失点"对话框

（6）在沙发的一个面上创建一个网格平面，如图 6-63 所示。

图 6-63　创建一个网格平面

（7）再创建其他的网格平面，如图 6-64 所示。

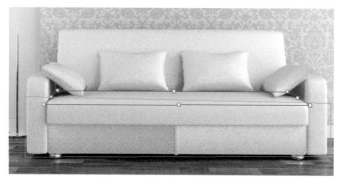
图 6-64　创建第二个网格平面

（8）创建完所有的网格平面后的效果如图 6-65 所示。

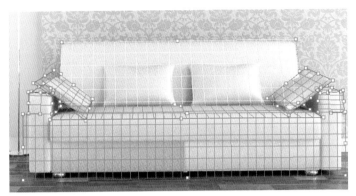

图 6-65　创建完所有的网格平面后的效果

（9）按"Ctrl+V"快捷键，将复制的材质粘贴进来，然后拖到建立的网格里，材质可以自动地适应这个网格，按 Alt 键移动复制几份，效果如图 6-66 所示。

图 6-66　将材质粘贴到网格平面

（10）以同样的方法把所有的部分放入，效果如图 6-67 所示。

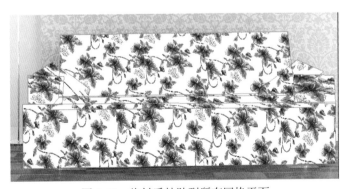

图 6-67　将材质粘贴到所有网格平面

（11）单击"确定"按钮，退出"消失点"对话框。执行"选择"→"载入选区"命令，在弹出的"载入选区"对话框中选择所建的"沙发"通道，如图 6-68 所示。

图 6-68　"载入选区"对话框

（12）单击"确定"按钮，执行"选择"→"反向"命令，将贴入的多余的图片选中，然后删除，效果如图 6-69 所示。

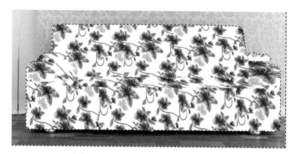

图 6-69　删除多余的图片部分

（13）设置"图层 1"的模式为"线性加深"，不透明度为"93%"，如图 6-70 所示。最终的效果图如图 6-71 所示。

图 6-70　设置"图层模式"

图 6-71　更换材质后的效果

知识链接

特殊滤镜——"消失点"

"消失点"滤镜可以自定义透视参考框，从而将图像复制、转换或移动到透视结构上，用户可以在图像中指定平面，进行绘画、仿制、复制、粘贴及变换等编辑操作。

具体操作方法如下：

（1）打开"桥.jpg"素材图片，如图 6-72 所示。

（2）执行"滤镜"→"消失点"命令，弹出"消失点"对话框，单击"创建平面工具"，创建一个透视矩形框，适当进行调整，如图 6-73 所示。

图 6-72　"桥.jpg"素材图片

图 6-73　"消失点"对话框

（3）选择"选框工具"，在透视矩形框中双击创建选区，按 Alt 键的同时单击并拖曳鼠标，效果如图 6-74 所示。

（4）选择"变换工具"，调出变换控制框，拖曳鼠标至上方中间的控制柄上，单击并向上拖曳，单击"确定"按钮，将图像移出透视矩形框，效果如图 6-75 所示。

图 6-74　拖曳选区

图 6-75　特殊滤镜"消失点"效果

任务 2　获取建筑场景素材

获取建筑场景素材

在 Photoshop 中经常需要将一幅图像中的一些图像元素转移到另一幅图片中，从中选取图像元素的过程就称为"抠图"。"抠图"的方式各种各样，可以用魔棒、套索、钢笔甚至蒙版等工具来完成。利用"通道"也可以轻松快捷地完成某些类型的"抠图"操作。下面利用"通道"将建筑物从图中"抠"出来，使之成为一种场景素材。

制作技巧

首先，复制反差最大的通道，利用调整工具使反差更加明显；然后，使用黑色画笔工具将建筑物全部涂黑，而将非选取部分全部涂白，反相后载入选区，即可将建筑物轻松抠选出来，参考效果如图 6-76 所示。

图 6-76　获取建筑场景素材参考效果

制作步骤

（1）执行"文件"→"打开"命令，在弹出的"打开"对话框中选择"建筑物 .jpg"素材图片，单击"打开"按钮，打开如图 6-77 所示的素材图片。

（2）要想把建筑物从背景中分离出，需要在 RGB 三个颜色通道中选择主体与背景反差最大的那个通道。通过对"通道"面板中预览图的观察比较，"蓝"通道的反差效果最明显，这里选择"蓝"通道。

（3）复制"蓝"通道，建立"蓝 拷贝"通道，在"通道"面板中选中"蓝 拷贝"，如图 6-78 所示。

图 6-77　"建筑物 .jpg"素材图片

图 6-78　复制"蓝"通道

（4）虽然"蓝"通道反差效果很好，但仍感到背景灰暗，需要调整图像的对比度、色阶来进一步拉大"蓝"通道反差，可以利用"曲线"对话框调整，如图 6-79 所示，调整后的图像效果如图 6-80 所示。

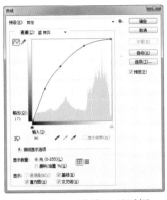

图 6-79　"曲线"对话框

图 6-80　调整后的建筑物效果

（5）选择"画笔工具" ，设置前景色为"黑色"，把图片尽量放大一些，把建筑物完全抹黑。调整画笔颜色为白色，将建筑物之外非选取部分完全抹白，效果如图 6-81 所示。

（6）执行"图像"→"调整"→"反相"命令，反相效果如图 6-82 所示。

图 6-81　画笔涂抹后的效果

图 6-82　反相效果

（7）单击"通道"面板下方的"将通道作为选区载入"按钮 ，载入通道，返回"图层"面板，建筑物已被选中，如图 6-83 所示。

图 6-83　载入通道

（8）按"Ctrl+J"快捷键复制选区图层，将选中的建筑物复制到新图层中，得到建筑场景素材，效果如图 6-76 所示。

贴心提示

在设计工作中，设计师们常常需要制作或收集大量的透明格式（.png）的各种场景素材，如建筑物、花草、树木、人物、车辆等，利用这些素材可以大幅提高设计作品的效率。

项目总结

在建筑效果图的设计制作过程中，遇到材质不满意的地方就需要替换材质，在进行效果图合成时需要抠选不同的建筑物或配景，因此，要灵活掌握滤镜及抠图工具的使用技巧。

单元自测

1. 对照项目 1 的处理过程，按自己的想法试对"客厅渲染图"素材图片进行后期效果处理，处理后和"客厅效果图"进行对比，比较两种处理各有哪些优缺点，如图 6-84 所示。

图 6-84 "客厅渲染图"图像处理前后对比

2. 对照项目 2 的处理过程，按自己的想法试对素材"度假别墅渲染图"素材图片进行后期效果处理，处理后和"度假别墅效果图"进行对比，比较两种处理各有哪些优缺点，如图 6-85 所示。

图 6-85 "度假别墅渲染图"图像处理前后对比

单元 7
网页美工

能力目标

1. 能制作出网页的各种特效效果。
2. 能设计制作网页界面中的各种元素。
3. 能设计制作网站的主页和页面。
4. 能将制作好的网页存储为方便网络浏览的格式。

知识目标

1. 了解网页设计的基本知识。
2. 掌握切片工具的使用方法。
3. 掌握标尺及辅助线的使用方法。
4. 掌握动画的制作方法。
5. 掌握网页中各种元素的制作方法。
6. 掌握网页的布局和制作方法。

电子商务行业的兴起带动了一个崭新的互联网领域的发展。网站和网页成为企业与客户交流的平台，网页美工设计也成为一个新的岗位，Photoshop 强大的图像处理功能让网页平面图像设计变得更为简单。网页设计主要指网站的整体设计，主页、分页设计，导航设计等，还包括色彩的应用、版面的设计、场景界面的设计、各种论坛的设计、播放器的设计、按钮的制作、导航条的制作及各种动态广告的制作等。利用 Photoshop 不仅可以设计出漂亮别致的网页，而且为了在网站中方便使用这些网页，还能够使用"切片工具"将制作的网页方便地分割存储，方便浏览。目前有关网页美工的岗位有网页切图师、网页效果设计师、动画设计师等。

项目 1　网站首页设计

网站首页设计

项目描述

"Apple Fans"是一家新成立的以苹果电子产品为主要经营范围的电子商务网站，为了拓展业务,给客户展示公司经营的产品，需要做一个自己的网站。作为一名网站设计员，就需要针对电子商务网站的特点进行网站的设计，首先使用 Photoshop 设计出网站的首页效果，以便根据客户需求把效果图制作成网页，参考效果如图 7-1 所示。

图 7-1　网站首页设计参考效果

项目分析

在进行设计之前，要对页面进行分析与规划，确定页面的色系、背景、构图，看是否符合电子商务网站的特点，还要看是否符合客户的喜好和需求，这些都需要使用Photoshop 进行规划设计。具体设计时，一般按"由大到小，由整体到局部"的顺序进行。本项目可以分解为以下 4 个任务：

　　任务 1　网页背景设计

　　任务 2　导航条设计

　　任务 3　展示窗设计

　　任务 4　制作首页切片

制作步骤

任务 1　网页背景设计

（1）执行"文件"→"新建"命令，在弹出的"新建"对话框中根据输出网页的大小设置画布的宽度、高度及分辨率，参数设置如图 7-2 所示。

图 7-2　"新建"对话框

贴心提示

因为页面设计要考虑用户计算机的配置，现在主流计算机显示器分辨率一般在1024像素×768像素以上，所以我们需要以1024像素×768像素分辨率为基础进行设计。为了不使页面太满，我们把宽度和高度设置在1024像素和768像素之内。

（2）选择"渐变工具" ，单击工具选项栏的"点按可编辑渐变"按钮 ，在弹出的"渐变编辑器"对话框中选择渐变颜色的范围，如图7-3所示。

（3）在页面上从上到下拖动鼠标，使页面产生从深灰到浅灰的渐变，效果如图7-4所示。

图7-3　调整渐变范围

图7-4　渐变效果

（4）选择"横排文字工具" ，在页面左上角输入电子商务网站的名称"橘叶"，参数设置如图7-5所示。

图7-5　网站名称字体参数

（5）打开"logo.png"素材图片，将其拖曳至背景左上角，调整其大小和位置，网站名称和Logo的效果如图7-6所示。

图7-6　网站名称和Logo的效果

任务 2　导航条设计

（1）单击"圆角矩形工具" 📖 ，设置半径为 5 像素，在网站 Logo 下方的中间位置绘制一个 900 像素 ×50 像素的圆角矩形。

（2）双击圆角矩形所在图层，在弹出的"图层样式"对话框中设置圆角矩形的效果，如图 7-7 所示。

（3）新建图层，单击"单列选框工具" 📖 ，在导航条 1/8 处单击绘制一条纵向选区，执行"选择"→"变换选区"命令，调整选区的长度和位置，让它看起来是一条分割线。然后双击该图层，在弹出的"图层样式"对话框中进行效果设置，如图 7-8 所示。

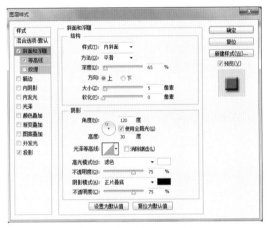

图 7-7　导航条图层样式

图 7-8　分割线图层样式

（4）按住 Alt 键，把分割线向右水平拖动，根据标尺的刻度，再复制 6 条分割线，效果如图 7-9 所示。

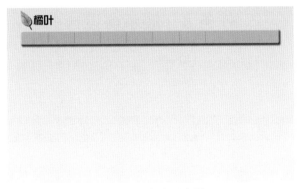

图 7-9　导航条分割线

（5）使用"横排文字工具" **T** 输入导航条的栏目文字，效果如图 7-10 所示。

图 7-10　导航条栏目

（6）单击"圆角矩形工具" ，设置半经为 5 像素，在导航条最右侧绘制一个 220 像素 ×32 像素的搜索框，效果如图 7-11 所示。

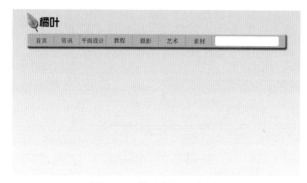

图 7-11　搜索栏图层样式

（7）执行"文件"→"置入"命令，置入"搜索图标"素材图片，效果如图 7-12 所示。

图 7-12　导航栏效果

任务 3　展示窗设计

（1）新建图层，单击"矩形工具" ，在工具选项栏上设置参数。参数设置如图 7-13 所示。

图 7-13　矩形工具选项栏

（2）在导航条下方中间绘制一个 900 像素 ×343 像素的矩形区域，效果如图 7-14 所示。

（3）在白色矩形区域置入"艺术插画"素材图片，并安排好其位置，效果如图 7-15 所示。

（4）置入按钮"左箭头"，并调整其大小和位置，效果如图 7-16 所示。

（5）使用相同的方法再置入按钮"右箭头"，效果如图 7-17 所示。

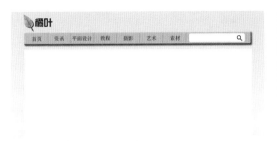

图 7-14　矩形区域　　　　　　　　　　　　　图 7-15　置入图片

图 7-16　展示窗按钮　　　　　　　　　　　　图 7-17　展示窗效果

（6）最后，使用"横排文字工具" T 在页面右上角的位置输入"注册 | 登录 | 投稿"，在页面底部的中间位置，标出网站版权以及注意事项等相关信息，效果如图 7-18 所示。

图 7-18　首页效果

任务 4　制作首页切片

（1）首先在 Photoshop 中将首页所有图层进行合并，利用标尺在首页添加相应位置的水平和垂直参考线，以便进行切片处理，如图 7-19 所示。

（2）选择"切片工具"，在当前的首页图上手动进行切片处理，如图 7-20 所示。

图 7-19　为首页添加参考线　　　　　　　　　图 7-20　为首页切片

（3）选择"切片选择工具"，在导航条切片位置，右击，在弹出的快捷菜单中选择
"划分切片"命令，打开"划分切片"对话框，勾选"垂直划分为"复选框，并输入"8"，
参数设置如图 7-21 所示。

（4）单击"确定"按钮，在导航条首页切片位置右击，在弹出的快捷菜单中选择"编
辑切片选项"命令，打开"切片选项"对话框，如图 7-22 所示，为该切片建立超级链接。

图 7-21　"划分切片"对话框　　　　　　　　图 7-22　"切片选项"对话框

（5）用同样的方法选择"切片选择工具"，在展示窗切片位置右击，在弹出的快捷
菜单中选择"划分切片"命令，打开"划分切片"对话框，勾选"垂直划分为"复选框，
并输入"3"，参数设置如图 7-23 所示。

图 7-23　"划分切片"对话框

（6）单击"确定"按钮，此时切片效果如图 7-24 所示。

图 7-24　划分切片效果

（7）继续使用"切片工具" ![icon]选择切片，依次对导航条其余切片以及首页其他切片进行定义，为每个划分的切片建立超级链接。切片效果如图 7-25 所示。

图 7-25　切片效果

（8）执行"文件"→"存储为 Web 所用格式"命令，打开"存储为 Web 所用格式"对话框，设置相应参数，如图 7-26 所示。

图 7-26　"存储为 Web 所用格式"对话框

（9）单击"存储"按钮，打开"将优化结果存储为"对话框，如图 7-27 所示。这里我们可以选择保存的位置和名称，以及"HTML 和图像"格式，单击"保存"按钮，最终得到 GIF 图像和 HTML 网页两种格式文件。

图 7-27 "将优化结果存储为"对话框

知识链接

一、切片工具

"切片工具" 可以将一个完整的图像切割成几部分。"切片工具"主要用于分割图像。每分割一次图像就创建了一个带标号的切片。

贴心提示

图像的切片是处理网络图像的核心操作，目的是建立链接和提高图片的下载速度，在创建切片的时候要保证图像的最大完整性和尽可能小，如果是背景图像，只需要切出一个条状即可。

具体操作方法如下：

（1）双击工作区，在弹出的"打开"对话框中打开"自然风光 .jpg"素材图像，如图 7-28 所示。

图 7-28 "自然风光 .jpg"素材图片

（2）选择"切片工具" ，在图像中拖动鼠标绘制一个矩形块，释放鼠标，即在图像文件中创建一个名称为"01"的切片，如图 7-29 所示。使用相同的方法创建多个切片，如图 7-30 所示。

图 7-29　创建一个切片

图 7-30　创建多个切片

（3）此时，将光标放置在切片的任意边缘位置，当光标显示为双向箭头时按下鼠标左键并拖动鼠标，可以调整切片的大小；将光标移到切片内，按下鼠标左键并拖动鼠标，可调整切片的位置，释放鼠标后将产生新的切片，如图 7-31 所示。

 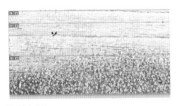

图 7-31　编辑切片

二、切片选择工具

"切片选择工具" 主要用于编辑切片。　　　　　　　　　　　切片选择工具

选择"切片选择工具"，单击图像文件中的切片名称显示为灰色的切片，并单击工具选项栏中的 提升 按钮，将当前选择的切片激活，此时该切片左上角的切片名称显示为蓝色。单击工具选项栏中的 划分… 按钮，打开"划分切片"对话框，如图 7-32 所示，可对当前切片进行均匀分隔。

图 7-32　"划分切片"对话框

具体操作方法如下：

（1）在上面创建的切片文件基础上，使用"切片选择工具" 选择其中一个切片，右

击，在弹出的快捷菜单中选择"删除切片"命令，如图 7-33 所示，此时该切片被自动删除，效果如图 7-34 所示。

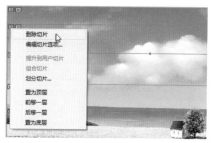

图 7-33　删除切片

图 7-34　删除切片效果

（2）使用"切片选择工具" 选择一个显示为灰色的切片，右击，在弹出的快捷菜单中选择"提升到用户切片"命令，则该切片被激活，其名称显示为蓝色，如图 7-35 所示。

图 7-35　激活切片

项目总结

本项目以电子商务网站首页的设计和 banner 横幅广告的制作为主线，介绍了 Photoshop 在网页美工方面的应用。在制作网页时要充分利用 Photoshop 在图像处理方面的优势，以设计制作出用其他设计工具无法达到的效果。

项目 2　网站主页设计

网站主页设计

项目描述

前面我们已经为"Apple Fans"电子商务网站设计了首页，本项目将对网站内的主页进行设计，这里会用到上一个项目所做的部分元素，参考效果如图 7-36 所示。

图 7-36　网站主页设计参考效果

项目分析

在此网页的设计中，可以先对页面进行初步规划，既要与首页整体的风格相一致，又要与首页相区别，一般主页展示经营的商品，注重的是信息量，在尽可能小的空间内发布主营的商品，设计时注意结构搭配，避免给顾客以拥挤的感觉。本项目的重点是页面布局的设计，要综合运用各种工具进行设计操作。

本项目可以分解为以下 3 个任务：

任务 1　页面主体设计

任务 2　页面细节设计

任务 3　页面切片制作

制作步骤

任务 1　页面主体设计

（1）执行"文件"→"新建"命令，在弹出的"新建"对话框中设置长宽分别为"1004"像素和"1200"像素，如图 7-37 所示，单击"确定"按钮，新建主页页面。

（2）因为主体页面设计风格与首页风格相一致，所以先用"渐变工具"  对背景进行渐变处理，渐变的参数参照首页设计。

（3）打开"首页 .psd"文件，在"图层"面板找到网站名称、Logo 和导航条等所在的图层，按 Shift 键进行选择，右击，在弹出的快捷菜单中选择"复制图层"命令，如图 7-38 所示。

图 7-37 "新建"对话框

图 7-38 复制图层

（4）在弹出的"复制图层"对话框中，在"目标"栏中的"文档"选项中选择"主页 .psd"，如图 7-39 所示。

（5）单击"确定"按钮，此时可以看到新建的主页背景上方的网站名称、Logo 和导航条等内容与首页保持一致，如图 7-40 所示。

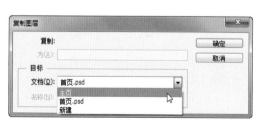

图 7-39 复制图层到目标文件

图 7-40 复制图层后的效果

任务 2　页面细节设计

（1）选择"矩形工具"，在工具选项栏上设置参数，如图 7-41 所示。

图 7-41　矩形工具选项栏

（2）在导航条下方绘制一个 900 像素 ×55 像素的矩形，为矩形填充指定颜色作为分页导航。效果如图 7-42 所示。

图 7-42　绘制矩形并填充颜色

（3）新建图层，选择"横排文字工具" T ，在矩形上输入文字，将文字安排在合适的位置，并设置文字的字体字号等，效果如图 7-43 所示。

图 7-43　分页导航效果

（4）执行"文件"→"置入"命令，置入 banner 广告素材，将其放在中间位置，效果如图 7-44 所示。

（5）在 banner 广告下方，使用"矩形工具"绘制一个 900 像素 ×730 像素的矩形，作为展示区域，效果如图 7-45 所示。

图 7-44　置入 banner 广告素材

图 7-45　绘制展示区域

（6）依次使用"单行选框工具" 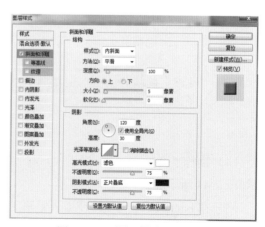 和"单列选框工具" 在展示区域中绘制分割线。新建图层，选择"单行选框工具" ，在白色展示区域垂直 1/3 处单击绘制一条选区，执行"选择"→"变换选区"命令，调整选区的长度和位置，如图 7-46 所示。然后双击该图层，在弹出的"图层样式"对话框中进行效果设置，如图 7-47 所示。

图 7-46　绘制分割线

图 7-47　"图层样式"对话框

（7）按住"Shift+Alt"快捷键，把分割线向下水平拖动，再复制1条分割线，效果如图7-48所示。

（8）新建图层，选择"单列选框工具"，使用相同的方法完成其余分割线的绘制，即绘制出了展示窗，效果如图7-49所示。

图7-48　复制分割线

图7-49　绘制展示窗

（9）执行"文件"→"置入"命令，依次置入图片素材"标志设计""包装设计""字体设计""封面设计""广告设计""VI设计""画册设计""卡片设计""名片设计""折页设计""海报设计""插画设计"，并使用"横排文字工具"T在图片下方输入有关作品的信息，效果如图7-50所示。

（10）最后，使用前面的方法在页面的最下端从"首页.psd"文件中复制"网站版权"等相关信息。整体效果如图7-36所示。

图 7-50　展示窗设置

任务 3　页面切片制作

（1）首先在 Photoshop 中将主页所有图层进行合并，利用标尺在主页添加相应位置的水平和垂直参考线，以便进行切片处理，如图 7-51 所示。

图 7-51　为主页添加参考线

（2）添加完参考线后，选择"切片工具" ，单击工具选项栏基于参考线的切片按钮。参数设置如图7-52所示。

图7-52 "切片工具"选项栏

（3）对页面主体进行切片分割，效果如图7-53所示。

图7-53 制作切片

（4）选择"切片选择工具" ，在展示区域切片位置右击，在弹出的快捷菜单中选择"划分切片"命令，打开"划分切片"对话框，勾选"水平划分为"复选框，输入"3"；勾选"垂直划分为"复选框，输入"4"，如图7-54所示。

图7-54 "划分切片"对话框

（5）单击"确定"按钮，并手工调整切片大小，效果如图7-55所示。

图 7-55　调整切片大小

（6）在展示区域左上角切片位置右击，在弹出的快捷菜单中选择"编辑切片选项"命令，打开"切片选项"对话框，如图 7-56 所示，为该切片建立超级链接。

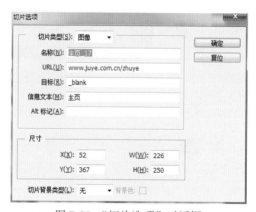

图 7-56　"切片选项"对话框

（7）用同样的方法，继续使用"切片工具" 选择切片，依次对展示区域其余切片以及主页其他切片进行定义，为每个划分的切片建立超级链接。最终切片效果如图 7-57所示。

（8）执行"文件"→"存储为 Web 所用格式"命令，打开"存储为 Web 所用格式"对话框，设置相应参数，如图 7-58 所示。

（9）单击"存储"按钮，打开"将优化结果存储为"对话框，如图 7-59 所示。这里我们可以选择"HTML 和图像"格式，单击"保存"按钮，最终得到 GIF 图像和 HTML网页两种格式文件。

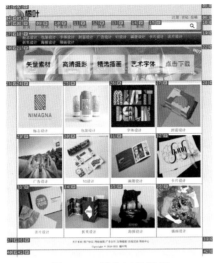

图 7-57 最终切片效果

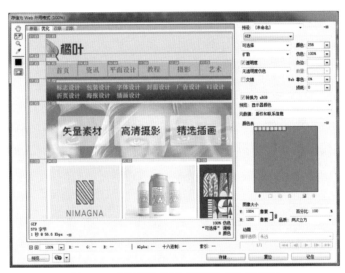

图 7-58 "存储为 Web 所用格式"对话框

图 7-59 "将优化结果存储为"对话框

项目总结

本项目以主页页面制作和按钮制作为主线，介绍了 Photoshop 在网页美工方面的另一个应用。在设计主页时要注重色彩的调整及页面的版面设计。

项目 3　网站元素设计

项目描述

网站上有许多设计元素需要我们单独制作好后，才能放到网站上，譬如各种动态的广告、精美的小按钮、处理好的各种艺术图片等。

项目分析

网页一般是由各种不同的网页元素经过布局设计构成网站，有些元素需要使用 Photoshop 的各种技术进行单独设计和制作，这里以动态 banner 广告和精美按钮的制作为例进行介绍。

本项目可以分为以下 2 个任务：

任务 1　制作横幅广告 banner

任务 2　设计制作水晶按钮

制作横幅广告
banner

任务 1　制作横幅广告 banner

横幅广告 banner 是网络广告常见的形式，它是横跨于网页上的动态矩形公告牌，当用户点击这些横幅时，可以链接到广告主的网页。

制作技巧

首先，制作渐变背景，置入广告素材，灵活利用样式制作按钮；然后，利用"动画"面板制作位移和透明度过渡动画；最后，生成 GIF 格式文件。参考效果如图 7-60 所示。

图 7-60 制作横幅广告 banner 参考效果

制作步骤

（1）执行"文件"→"新建"命令，在弹出的"新建"对话框中设置图像大小为"900 像素 ×160 像素"，如图 7-61 所示。

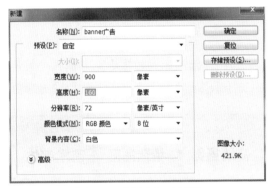

图 7-61 "新建"对话框

（2）置入"banner"素材图片，调整其位置，与背景边缘重合，并调整 banner 所在图层的不透明度为 60%，效果如图 7-62 所示。

图 7-62 图片置入效果

（3）选择"圆角矩形工具"，在工具选项栏上设置"选择工具模式"为"形状"，设置半径为 5 像素，然后在 banner 左边绘制一个 153 像素 ×89 像素的圆角矩形，效果如图 7-63 所示。

图 7-63 绘制按钮轮廓

（4）调整圆角矩形所在图层的不透明度为 60%，效果如图 7-64 所示。

图 7-64　调整不透明度后的效果

（5）按住 Alt 键，把圆角矩形向右水平拖动进行复制，并调整其位置，如图 7-65 所示。

图 7-65　复制圆角矩形

（6）选择"横排文字工具"，依次在圆角矩形上方输入"矢量素材""高清摄影""精选插画""艺术字体""点击下载"。其中将"点击下载"设置为粉色，如图 7-66 所示。

图 7-66　按钮效果

（7）新建图层，选择"钢笔工具"，按住 Shift 键，在 banner 右上方绘制一个闭合的直角三角形，单击"路径"面板底部的"将路径作为选区载入"按钮，将路径转换为选区，然后填充为红色，并取消选区，效果如图 7-67 所示。

图 7-67　绘制直角三角形并填充红色

（8）选择"横排文字工具"，在三角形上输入英文"HOT"，按"Ctrl+T"快捷键，对其角度进行调整，如图 7-68 所示。

图 7-68　输入英文

（9）执行"文件"→"存储为"命令，打开"另存为"对话框，将前面制作好的
banner 广告存储为 JPEG 格式，文件名为"01"，如图 7-69 所示。

图 7-69 "另存为"对话框

（10）按住 Ctrl 键，同时选中"点击下载"文字和下方的圆角矩形所在的图层，按
"Ctrl+T"快捷键，将其向下旋转。执行"文件"→"存储为"命令，存储为 JPEG 格式，
文件名为"02"，效果如图 7-70 所示。

图 7-70 旋转"点击下载"文字及其所在图层

（11）使用相同的方法，选中"点击下载"文字和下方的圆角矩形所在的图层，将其
向上旋转。执行"文件"→"存储为"命令，存储为 JPEG 格式，文件名为"03"，效果
如图 7-71 所示。

图 7-71 继续旋转"点击下载"文字及其所在图层

（12）接下来，选中"点击下载"文字所在图层，按"Ctrl+T"快捷键，然后再按
"Alt+Shift"快捷键，使其从中心向外调整大小。执行"文件"→"存储为"命令，存储
为 JPEG 格式，文件名为"04"，效果如图 7-72 所示。

图 7-72 调整"点击下载"文字所在图层大小

（13）执行"文件"→"打开"命令，将"01"至"04"四张图片全部打开，移动"02"至"04"三张图片到"01"图片中，此时"图层"面板如图 7-73 所示。

图 7-73 "图层"面板

（14）执行"窗口"→"时间轴"命令，打开"时间轴"面板。选择第 1 帧，关闭"图层 1"至"图层 3"图层的可见性，选择帧延迟时间为 0.5 秒，如图 7-74 所示。

图 7-74 设置第 1 帧及图层可见性

（15）单击"动画"面板下方的"复制所选帧"按钮，复制第 1 帧，生成第 2 帧，此时，关闭"背景""图层 2"和"图层 3"图层的可见性。继续单击"复制所选帧"按钮，生成第 3 帧，关闭"背景""图层 1"和"图层 3"图层的可见性。图层可见性如图 7-75 所示。

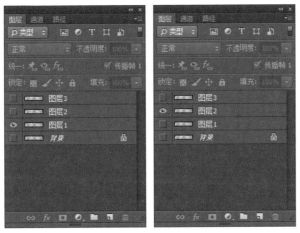

图 7-75　图层可见性

（16）按住 Shift 键，同时选中第 2 帧和第 3 帧，单击"复制所选帧"按钮，再次按住 Shift 键，同时选中第 2 帧至第 5 帧，设置帧延迟时间为 0.1 秒，如图 7-76 所示。

图 7-76　设置帧延迟时间

（17）接下来，选择第 1 帧，单击"复制所选帧"按钮，然后将生成的帧移至第 6 帧位置。继续单击"复制所选帧"按钮，关闭"背景""图层 1"和"图层 2"图层的可见性。选择帧延迟时间为 0.1 秒，如图 7-77 所示。

图 7-77　设置帧延迟时间及图层可见性

（18）选择第 6 帧，单击"复制所选帧"按钮，将生成的帧移至第 8 帧位置。按住 Shift 键，同时选中第 7 帧和第 8 帧，单击"复制所选帧"按钮，生成第 9 帧和第 10 帧。这样具有动态效果的 banner 广告就制作完成了，如图 7-78 所示。

图 7-78　时间轴帧状态

（19）选择循环选项为"永远"，然后单击"时间轴"面板下方的"播放动画"按钮，预览动画效果。最后，执行"文件"→"存储为 Web 所用格式"命令，在弹出的对话窗中单击"存储"按钮，打开"将优化结果存储为"对话框，这里可以选择"图像"格式，如图 7-79 所示，最终得到 GIF 图像格式文件。

图 7-79　"将优化结果存储为"对话框

知识链接

网络广告

一、网络广告

网络广告是指利用网页上的广告横幅、文本及图片链接、多媒体等在互联网上刊登或发布广告，通过网络传递到互联网用户的一种高科技广告运作方式。网络广告参考效果如图 7-80 所示。

图 7-80　网络广告参考效果

同传统的广告相比,网络广告具有得天独厚的优势,它速度快、费用低、制作成本低廉、效果理想,是中、小企业实施现代营销媒体策略,发展壮大及广泛开展国际业务的重要途径。

1. 分类

网络广告包括横幅式广告（banner）、通栏式广告、弹出式广告（pop-up ads）、按钮式广告、插播式广告、电子邮件广告、赞助式广告、分类广告、互动游戏式广告、软件端广告、文字链接广告、浮动式广告、联播网广告、关键字广告以及比对内容式广告等。

2. 特点

网络广告具有如下特点：

（1）覆盖面广，受众数目庞大，有广阔的传播范围。

（2）不受时间限制，广告效果持久。

（3）方式灵活，互动性强。

（4）可以分类检索，广告针对性强。

（5）制作简捷，广告费用低。

（6）可以准确地统计受众数量。

3. 计费方式

国际流行的计费方式有：按千人印象成本收费（CPM）、按每点击成本收费（CPC）、按每行动成本收费（CPA）、按每回应成本收费（CPR）、按每购买成本收费（CPP）等。在国内常用的收费方式是以时间来购买，即按每日投放成本收费或按每周投放成本收费。

🐞 **贴心提示**

> 网络广告标准规格要求（单位：像素）：横幅广告（旗帜广告）为 468×60；导航广告为 392×72；半幅广告为 234×60；方形按钮广告为 125×125；按钮广告为 120×90 或 120×60；小按钮广告为 88×31；竖幅广告为 120×240；正方形弹出式广告为 250×250；长方形广告为 180×150；中长方形广告为 300×250；大长方形广告为 336×280；竖长方形广告为 240×400。

二、动画及时间轴面板

动画就是在一定时间内显示的一系列图像或帧。每一帧较前一帧都有轻微的变化，当连续、快速地显示这些帧时，就会创造出运动的效果或其他变化的错觉，如图 7-81 所示。

动画及时间
轴面板

处理图层是创建动画的基础，将动画的每一幅图像置于其自身所在的图层上，可使用"图层"面板命令和选项更改一系列帧的图像位置和外观。

在 Photoshop 中，"时间轴"面板以"帧"模式出现，显示动画中每个帧的缩览图。使用面板底部的工具可浏览各个帧、设置循环选项、添加帧和删除帧以及预览动画。

图 7-81　动画效果

执行"窗口"→"时间轴"命令即可打开"时间轴"面板，"时间轴"面板有时间轴和帧两种模式，如图 7-82 所示。"时间轴"模式主要用于创建和编辑视频，而"帧"模式则主要用于创建和编辑动画。

图 7-82　"时间轴"面板

如果打开"时间轴"面板时为"时间轴"模式，如图 7-83 所示，可单击"转换为帧动画"按钮，将其切换为"帧"模式，如图 7-84 所示。

图 7-83　"时间轴"模式

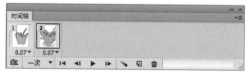

图 7-84　"帧"模式

在"时间轴"面板中，各按钮的功能如下：

（1）转换为视频时间轴按钮：单击此按钮，"时间轴"面板将由"帧"模式转换为"时间轴"模式。

（2）选择循环选项按钮：单击此按钮将弹出下拉菜单以选择动画播放的次数。

（3）选择第一帧按钮：单击此按钮将选择第一帧的画面。

（4）选择上一帧按钮：单击此按钮将选择当前帧的前一帧，如果当前帧是第一帧，则选择最后一帧。

（5）播放动画按钮：单击此按钮即可连续运行动画的各个帧，此时该按钮变成停止动画按钮。

（6）选择下一帧按钮 ▶：单击此按钮将选择当前帧的下一帧，如果当前帧是最后一帧，则选择第一帧。

（7）过渡动画帧按钮 ：单击此按钮将打开"过渡"对话框，如图 7-85 所示。在此对话框中用户可以对添加的帧参数进行设置。

（8）复制所选帧按钮 ：单击此按钮将在当前选定的若干帧之后复制这些帧。

（9）删除所选帧按钮 ：单击此按钮将打开消息框，如图 7-86 所示，以确认删除操作，若单击"是"按钮将删除选定的若干帧。若单击"否"按钮将取消删除操作。

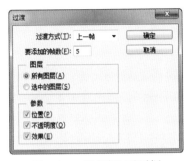

图 7-85 "过渡"对话框

图 7-86 删除消息框

（10）音轨按钮 ：单击此按钮可启用音频播放。

（11）渲染视频按钮 ：单击此按钮，在播放头的左右出现渲染的起始点和终止点，位于渲染之间的帧在工作区中由深入浅显示出来，当前帧的颜色最深。

（12）缩小时间轴按钮 ：单击此按钮可缩小时间轴预览图。

（13）缩放滑块 ：移动此滑块可缩小或放大时间轴预览图。

（14）放大时间轴按钮 ：单击此按钮可放大时间轴预览图。

（15）转换为帧动画按钮 ：单击此按钮，"时间轴"面板将由"时间轴"模式转换为"帧"模式。

三、创建动画

1. 创建逐帧动画

逐帧动画的工作原理与电影放映十分相似，都是将一些静止的、表现

创建逐帧动画

连续动作的画面以较快的速度播放出来，利用图像在人眼中暂存的原理产生连续的播放效果，如图 7-87 所示。

图 7-87 创建逐帧动画后的插放效果

首先将"时间轴"面板设置为"帧"模式，然后结合使用"时间轴"面板和"图层"面板就可以创建逐帧动画了。

具体操作方法如下：

（1）分别打开素材图片"草地.jpg""小狗 0.jpg""小狗 1.jpg""小狗 2.jpg""小狗 3.jpg"。

（2）使用"魔棒工具"和反向选择操作分别将"小狗 0.jpg""小狗 1.jpg""小狗 2.jpg""小狗 3.jpg"的图像通过"移动工具"拖曳到"草地.jpg"中，形成"背景层"和"图层 1"～"图层 4"，注意对齐"图层 1"～"图层 4"中图像在同一个位置。

（3）关闭"小狗 0.jpg"～"小狗 3.jpg"4 个图像文件。

（4）关闭除"背景层"和"图层 1"之外其他图层的可视性。

（5）打开"时间轴"面板，将面板设定为"帧"模式。

（6）连续单击 3 次"复制所有帧"按钮，产生 3 个动画帧，依次选中第 2 帧～第 4 帧，分别对应打开"图层 2"～"图层 4"的可视性，使得第 2 帧～第 4 帧分别显示"图层 2"～"图层 4"的图像，如图 7-88 所示。

图 7-88 "时间轴"面板

（7）按下 Shift 键并单击第 1 帧，选中所有帧，将"帧延迟"设定为 0.2 秒，并将循环选项设定为"永远"，如图 7-89 所示。

图 7-89 设定帧的延迟及循环选项

（8）执行"文件"→"存储为 Web 所用格式"命令，打开"存储为 Web 所用格式"对话框，单击"存储"按钮，保存文件为"淘气的小狗.gif"。

（9）双击该文件就可以看到如图 7-87 的动画效果了。

2. 创建过渡动画

在 Photoshop 中，除了可以逐帧地修改图像以创建动画外，还可以使用"过渡"命令让系统自动在两帧之间产生位置、不透明度或图层效果的过渡动画，如图 7-90 所示。

创建过渡动画时，可以根据不同的过渡动画设置不同的选项。单击"时间轴"面板底部的"过渡动画帧"按钮 ，可以打开"过渡"对话框，参数设置如图 7-91 所示。

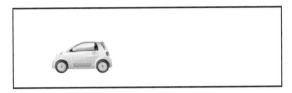

图 7-90　创建的过渡动画　　　　　　　　图 7-91　"过渡"对话框

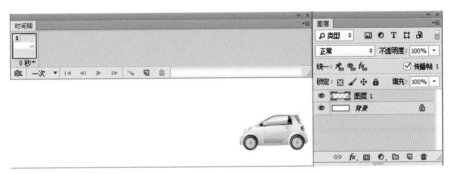

（1）创建位置过渡动画。具体操作方法如下：

1）位置过渡动画是同一图层中的图像由一端移动到另一端的动画。在创建位移动画之前，首先创建起始帧和结束帧。打开"时间轴"面板后，确定主题（小汽车）位置，如图 7-92 所示。

图 7-92　确定起始帧中的主体位置

2）复制第 1 帧为第 2 帧，在第 2 帧中移动同图层中的主体（小汽车）至其他位置，如图 7-93 所示。

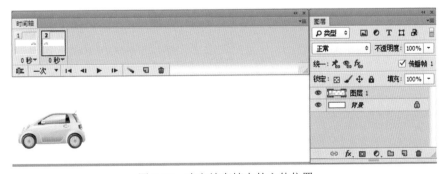

图 7-93　确定结束帧中的主体位置

3）按 Shift 键，同时选中初始帧和结束帧，单击"时间轴"面板底部的"过渡动画帧"按钮 ，打开"过渡"对话框，在"参数"选项组中勾选"位置"复选框，其他选项默认，如图 7-94 所示，单击"确定"按钮后，在两帧之间创建位置过渡动画帧，如图 7-95 所示。

图 7-94 "过渡"对话框

图 7-95 创建位置过渡动画帧

4）选择所有的帧，设置"选择帧延迟时间"为 0.2 秒，循环次数为 10 次，此时，"时间轴"面板如图 7-96 所示。

图 7-96 "时间轴"面板

5）单击"播放动画"按钮▶，对动画进行测试，满意后保存为 GIF 动画文件。

（2）创建不透明度过渡动画。不透明度过渡动画是两幅图像之间显示与隐藏的过渡动画。与位置过渡动画的创建前提相同，必须创建过渡动画的起始帧和结束帧。具体操作方法如下：

1）在"时间轴"面板第 1 帧中，设置"图层 1"的不透明度为 100%，如图 7-97 所示。

图 7-97 设置起始帧的不透明度为 100%

2）复制第 1 帧为第 2 帧，在第 2 帧中设置该图层的不透明度为 0%，如图 7-98 所示。

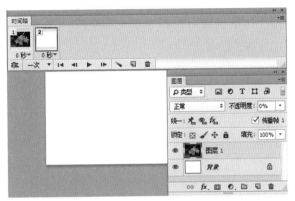

图 7-98　制作结束帧的显示效果

3）同时选中第 1 帧和第 2 帧，单击"过渡动画帧"按钮 ，在"过渡"对话框中勾选 "不透明度"复选框，如图 7-99 所示，单击"确定"按钮后，在两帧之间创建过渡动画帧， 如图 7-100 所示。

图 7-99　"过渡"对话框

图 7-100　创建不透明度过渡动画帧

4）选择所有的帧，设置帧延迟时间为 0.2 秒，循环次数为"永远"，"时间轴"面板 如图 7-101 所示。

图 7-101　"时间轴"面板

5）单击"播放动画"按钮 ，对动画进行测试，满意后保存为 GIF 动画文件。

（3）创建效果过渡动画。效果过渡动画是一幅图像的颜色或效果的显示与隐藏的过 渡动画。譬如设置同一图层的"渐变叠加"或者"颜色叠加"样式的图像效果，或者字 体变形的过渡动画。这里创建图像的颜色过渡动画。

具体操作方法如下：

1）在第 1 帧中为图像添加"颜色叠加"样式，选择"红色"，如图 7-102 所示。

2）复制第 1 帧为第 2 帧，在第 2 帧中设置"颜色叠加"样式中的"颜色"选项，选择"黄绿色"，如图 7-103 所示。

图 7-102　设置起始帧颜色

图 7-103　修改第 2 帧颜色

3）同时选中第 1 帧和第 2 帧，单击"过渡动画帧"按钮，在打开的"过渡"对话框中勾选"效果"复选框，如图 7-104 所示，单击"确定"按钮后，在两帧之间创建效果过渡动画帧，如图 7-105 所示。

图 7-104　"过渡"对话框

图 7-105　创建效果过渡动画帧

4）选择所有的帧，设置帧延迟时间为 0.5 秒，循环次数为 3 次，"时间轴"面板如图 7-106 所示。

图 7-106　"时间轴"面板

5）单击"播放动画"按钮，对动画进行测试，满意后保存为 GIF 动画文件。

3．创建照片切换动画

在 Photoshop 中，使用"过渡"命令可以添加或修改两个现有帧之间的一系列帧，均匀改变新帧之间的图层属性以创建运动外观。

具体操作方法如下：

（1）执行"文件"→"打开"命令，打开"花香 .psd"素材图片，如图 7-107 所示，其"图层"面板如图 7-108 所示。

图 7-107 "花香 .psd"素材图片

图 7-108 "图层"面板

（2）在"图层"面板中隐藏"图层 3"和"图层 1"两个图层，单击"时间轴"面板底部的"复制所选帧"按钮 ；隐藏"图层 3"并显示"图层 2"，再次单击"时间轴"面板底部的"复制所选帧"按钮 ；隐藏"图层 2"并显示"图层 1"，得到动画的三个帧，如图 7-109 所示。

（3）按住 Ctrl 键的同时选中帧 1 和帧 2，单击"时间轴"面板底部的"过渡动画帧"按钮 ，打开"过渡"对话框，设置"要添加的帧数"为 1，如图 7-110 所示。

图 7-109 获得动画的三个帧

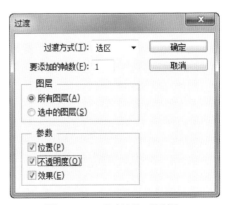

图 7-110 "过渡"对话框

（4）单击"确定"按钮，运用与上述相同的方法在帧 3 和帧 4 之间创建一个过渡帧，如图 7-111 所示。

图 7-111　创建过渡帧

（5）设置所有帧的延迟时间为 0.5 秒，循环次数为永远，如图 7-112 所示，单击"播放"按钮即可浏览制作的照片切换动画。

图 7-112　设置延迟时间及循环次数

设计制作
水晶按钮

任务 2　设计制作水晶按钮

作为网页设计界面的关键元素，按钮在网页交互界面的设计中无处不在。随着人们对审美、时尚、趣味的不断追求，按钮的样式也在不断翻新，其设计越来越精美、新颖、富有创造力和想象力，但按钮更重要的是具有良好的实用性。这里制作一款漂亮的水晶按钮。

制作技巧

首先，制作一个按钮，为体现水晶外观，采用渐变填充方式并灵活使用选区操作及图层样式；然后，复制按钮，改变填充色，制作其他同款不同色的按钮。参考效果如图 7-113 所示。

图 7-113　设计制作水晶按钮参考效果

（1）执行"文件"→"新建"命令，弹出"新建"对话框，设置名称为"按钮"，大小为"560 像素 ×520 像素"，单击"确定"按钮，如图 7-114 所示。

（2）新建"图层 1"，选择"椭圆选框工具" ，按 Shift 键，在图像编辑窗口绘制正圆选区，如图 7-115 所示。

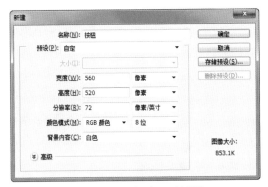

图 7-114 "新建"对话框

图 7-115 绘制正圆选区

（3）选择"渐变工具" ▦，在工具选项栏单击"径向渐变"按钮▦，再单击"点按可编辑渐变"按钮▦▭，打开"渐变编辑器"，设置渐变颜色，如图 7-116 所示。并在图像编辑窗口拖动鼠标填充径向渐变，如图 7-117 所示。

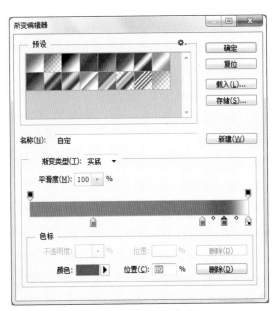

图 7-116 设置渐变色

（4）按"Ctrl+D"快捷键取消选区，新建"图层 2"，使用"椭圆选框工具" ◯在刚刚绘制的圆形上创建椭圆选区，如图 7-118 所示。

图 7-117　填充径向渐变

图 7-118　绘制椭圆选区

（5）选择"渐变工具" ，在工具选项栏单击"线性渐变"按钮 ，再单击"点按可编辑渐变"按钮 ，打开"渐变编辑器"，设置渐变颜色，如图 7-119 所示，并在图像编辑窗口拖动鼠标填充线性渐变，如图 7-120 所示。

图 7-119　编辑渐变色

（6）按"Ctrl+D"快捷键取消选区，按 Ctrl 键并单击"图层 1"的图层缩览图，载入选区，执行"选择"→"变换选区"命令，调出变换框，按"Shift+Alt"组合键对选区进行等比例放大，如图 7-121 所示。

图 7-120　填充线性渐变

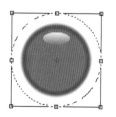

图 7-121　变换选区

（7）单击工具选项栏的"提交变换"按钮 ，确认变换。新建"图层 3"，如图 7-122 所示，执行"编辑"→"填充"命令，为选区填充黑色，如图 7-123 所示。

图 7-122　"图层"面板

图 7-123　填充黑色

（8）按"Ctrl+D"快捷键取消选区，再次载入"图层1"选区，执行"选择"→"变换选区"命令，调出变换框，如图7-124所示，按"Shift+Alt"组合键对选区进行适当缩放，单击工具选项栏的"提交变换"按钮✔，确认变换。按Delete键删除选区内图像，效果如图7-125所示。

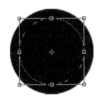

图 7-124　缩放选区

图 7-125　删除图像

（9）选择"多边形套索工具"👽，绘制选区，如图7-126所示，按Delete键删除选区内容，按"Ctrl+D"快捷键取消选区，效果如图7-127所示。

图 7-126　绘制多边形选区

图 7-127　删除部分内容

（10）新建"图层4"，使用"多边形工具"⬡，在工具选项栏设置"选择工具模式"为像素，"边"为3，设置前景色为黑色，在图像编辑窗口绘制正三角形，如图7-128所示。

（11）按"Ctrl+E"快捷键将"图层4"向下合并，得到"图层3"。双击该图层，在弹出的"图层样式"对话框中设置"渐变叠加"参数，如图7-129所示，单击"确定"按钮，效果如图7-130所示。

图 7-128　绘制三角形

图 7-129　设置"渐变叠加"参数

（12）打开图片素材"主页"图标，使用"移动工具"拖曳至绘制的图像上，生成"图层 4"，调整其大小和位置，效果如图 7-131 所示。

图 7-130　"渐变叠加"效果

图 7-131　绘制图形添加元素

（13）新建"图层 5"，选择"椭圆工具"，在工具选项栏设置"选择工具模式"为像素，设置前景色为浅灰色，在图像编辑窗口绘制椭圆形；并执行"滤镜"→"模糊"→"高斯模糊"命令，打开"高斯模糊"对话框，设置"半径"为 5 像素，如图 7-132 所示，单击"确定"按钮，完成按钮的制作，效果如图 7-133 所示。

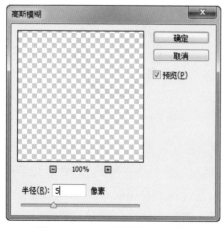

图 7-132　"高斯模糊"对话框

图 7-133　完成的按钮

（14）使用相同方法完成其他颜色按钮的制作，最终效果如图 7-113 所示。

项目总结

当需要制作动态 Logo 或动态广告时，可以利用"时间轴"面板来方便地制作那些网上常用的各类动态画面。而综合运用渐变填充、图层样式及滤镜等工具，可以制作出具有其自身特点的时尚美观的按钮。

单元自测

1. 试参照项目 1 制作电子商务网站"慧聪网"商务网站的首页，参考效果如图 7-134 所示。

图 7-134 网站首页效果

2. 使用"时间轴"面板制作某公司宣传网页上的 468 像素 ×60 像素的横幅广告条（banner 条），效果如图 7-135 所示。

图 7-135　横幅广告效果

3. 使用 Photoshop 制作如图 7-136 所示的按钮。

图 7-136　按钮效果